La Catedral de Almería bajo una visión matemática

La Catedral de Almería bajo una visión matemática

David Crespo Casteleiro

edual editorial UNIVERSIDAD DE ALMERÍA

LA CATEDRAL DE ALMERÍA BAJO UNA VISIÓN MATEMÁTICA

COLECCIÓN: CIENCIA Y TECNOLOGÍA, 37

© DE LA EDICIÓN: Editorial Universidad de Almería, 2024

© DEL TEXTO: SU AUTOR

ISBN: 978-84-1351-305-8

DEP. LEGAL: AL 3260-2024

MAQUETACIÓN : José M. Parra

IMPRIME: Escobar Impresores, S.L., El Ejido (Almería)

Libro de investigación arbitrado por pares ciegos

UNIÓN DE EDITORIALES
UNIVERSITARIAS ESPAÑOLAS
www.une.es

*Esta editorial es miembro de la UNE, lo que
garantiza la difusión y comercialización de sus publicaciones a nivel nacional e internacional*

Tabla de contenido

Introducción

El placer de viajar se puede ver acrecentado con distintas paradas entre las que museos, castillos o edificios religiosos, son candidatos de excepción en cualquier itinerario al que le queramos imprimir una pátina cultural. La Catedral de Almería unifica de manera armoniosa las tres opciones, siendo uno de los pocos ejemplos que podremos encontrar en la piel de toro, donde se conjuga una dualidad que puede parecernos antagónica: ser una catedral-fortaleza.

Nos encontramos, por lo tanto, ante una edificación singular que a pesar de ser erigida durante el s. XVI en estilo gótico, su vista desde el sur y el este, es la de un castillo jalonado de baluartes y elementos defensivos, algunos de los cuales siguen casi ocultos por las edificaciones adosadas, mientras que otros, gracias a la apertura de la ronda del Beato Diego Ventaja, tuvieron la oportunidad de escapar de esa esclavitud.

Si por el contrario ascendemos la calle Velázquez o nos topamos de bruces con la plaza de la Catedral desde cualquiera de sus cinco accesos, la suposición del castillo se verá desvanecida. Rompiendo la rudeza militar, nos encontraremos con sendas portadas que fácilmente podemos identificar, bien por las inscripciones, bien por los elementos decorativos que las conforman, labradas al más puro estilo renacentista y diseñadas por Juan de Orea.

La entrada al templo, salvo en horas de culto u ocasiones especiales, se hace desde una puerta situada en la calle Velázquez que da acceso al claustro. Aquí será el neoclásico quien marque los patrones constructivos y lo que desde el exterior son torres defensivas, albergan en su interior las piezas que componen el museo catedralicio.

Volviendo a salir a la zona descubierta del claustro, y dirigiendo la brújula del itinerario al norte, podemos adentrarnos en el templo, donde impera el estilo gótico con algunas pinceladas del barroco. Visitando las capillas laterales o las de la girola, tendremos ocasión para detenernos en el crucero tomando asiento esta vez para contemplar la capilla mayor y el coro, que se halla a nuestra espalda. Con la compañía de una inerte audioguía o en el mejor de los casos, de un profesional de carne y hueso, tendremos la oportunidad de conocer que la Catedral de Almería se erigió gracias al empeño del obispo Villalán, y que las circunstancias convulsas de la unificación territorial y el ataque de los piratas y corsarios de Berbería, motivaron la traza de un edificio de usos múltiples, provisto de tres naves a la misma altura, o también llamado de planta de salón. Este eclesiástico, al igual que sus sucesores, se convirtieron en grafiteros pétreos de los muros dejando en ellos su impronta representada por los distintos escudos heráldicos. Con más clarividencia que en las ocasiones que no somos perspicaces, podemos corroborar cómo todo homenaje se lleva a cabo para mayor gloria del homenajeador.

Más allá de datos, fechas, curiosidades o detalles, la visita habría terminado volviendo a salir por donde entramos. Una catedral más que añadir a la lista de las que hayamos podido conocer, si nos dejamos llevar en exclusiva por el nada despreciable valor de la historia del arte, que en sí mismo ya constituye un objetivo que reconocer y que embriaga los sentidos.

Pero mirar es una parte indisoluble, y por lo tanto una particularidad intrínseca, del verbo ver. El título que da nombre al estudio que se ha llevado a cabo del templo catedralicio, tiene una gran correlación con el matemático que ha vivido más de la mitad de su vida en el casco histórico y para el que desplazarse al *centro*, implicaba un paso casi obligado por el entorno de la Catedral.

Y es que cada vez más, los equipos de investigadores están formados por una amalgama de profesionales de distintas disciplinas en las que cada una de ellas aporta su visión, distinta a la vez que complementaria, del mismo hecho. Conjugar en este caso la historia del arte con las matemáticas, es una forma diferente de realizar el tránsito desde el regular verbo mirar, al irregular ver.

Pero hablar de Ciencias y en particular de Matemáticas, para un sector de la población, evoca recuerdos que los retrotraen a las malas experiencias sufridas dentro del sistema educativo, y que los convierte en enemigos acérrimos de todo aquello que sobre la materia, vieron en la infancia o la adolescencia. Consciente del hecho diferencial, he tratado de emplear herramientas matemáticas sencillas, donde una ecuación de segundo grado o los teoremas de Pitágoras y Tales, son los grandes protagonistas, esos mismos a los que quien ha superado los estudios obligatorios, ha tenido que rendirse en algún momento a sus encantos o, por el contrario, enfrentarse a ellos de manera furibunda.

Con este título y si he conseguido que no desista en la lectura, le aconsejo me conceda una nueva oportunidad para narrarle porqué debería continuar en el empeño. Contextualizar un hecho, sea quizá la razón que dé respuestas a las preguntas en relación al devenir humano, por lo que el punto de partida del estudio no podría ser otro que relatar de manera sucinta la historia que envuelve a la seo almeriense.

Aunque a algunos nos queden lejos los libros de texto o a otros no les hagan falta los elementos descritos en el capítulo 2 dedicado a herramientas matemáticas, con una visión globalizadora y tratando de ser autocontenido, he remozado los ingredientes mínimos necesarios que permitan una lectura ágil de lo sustancial del estudio. Y en un lugar destacado se encontrarán números que, por su estrecha relación con las proporciones, así como por su reiterada presencia, tienen un asiento reservado en esta obra. No son ni más ni menos que los números metálicos, en cuyo podio han ascendido por méritos propios el de oro, junto con el de plata.

En matemáticas si algo se puede aseverar, es porque hay una demostración que atestigüe su certeza, o un contraejemplo que lo refute; en caso contrario deambularíamos por el desafiante terreno de las conjeturas. Este es el motivo por el que una abrumadora mayoría de los resultados que se exponen, han sido probados, dejando al lector avezado los pocos flecos sueltos o notas discordantes de la sinfonía matemática. La razón fundamental la establece el coste de oportunidad y cuya derivada se traduce inmediatamente en la máxima *tempus fugit*, No es necesario estar empadronado en el asteroide B 612, para reconocer que lo esencial es invisible a los ojos.

Pero si comenzábamos situando en el tiempo el objeto del estudio, flaco favor le haríamos a la lectura olvidando los tratados de arquitectura que modelaron y establecieron cánones para los detalles que nos puedan parecer más insignificantes. Vitruvio nos indicará una variada información sobre cómo erigir edificios, así como cualquier otro elemento arquitectónico que podamos imaginar. Recogiendo el testigo y ya en pleno *quattrocento* italiano, Pacioli pondrá en la palestra a un casi olvidado número de oro que dará título a una obra universal, y contando como ilustrador de excepción con Da Vinci, cuyo renombre quizá encumbre en la actualidad al propio autor del texto. Pacioli rescata el ideal de belleza de la Antigua Grecia y al igual que hiciese Euclides, lo plasma de manera aritmética mediante la grácil división de un segmento en media y extrema razón.

Los estertores de la Edad Media se hacían presagiar, y los textos se alejaban del docto latín, cada vez de uso menos frecuente salvo para la conservadora Iglesia, cediendo el espacio a las lenguas vernáculas como medio de plasmar por escrito las ideas. A Diego de Sagredo le debemos que aborde el nuevo estilo arquitectónico y lo materialice en el tratado *Medidas del romano,* en un momento, y desde el s. XIX cuando se cuña el término, que ahora denominamos Renacimiento.

Entre los descubrimientos más llamativos de la obra, quizá brille con luz propia la estrecha relación encontrada entre la planta de la Catedral y el texto de Simón García, que en síntesis se trata de una recopilación de conocimientos y reglas prácticas, cuyo actor principal no es otro que Rodrigo Gil de Hontañón. Dado que no se conoce con certeza el autor de las trazas de la planta y el alzado del templo almeriense, esta coincidencia puede indicar una vía alternativa al reiterado Diego de Siloé.

Pero las *casualidades* no habrían hecho más que comenzar, pues los patrones en las columnas de las portadas siguen fielmente otro de los textos de referencia, el Vignola, auténtico libro de texto para cualquier arquitecto durante varios siglos.

Nos detendremos con sumo detalle en las portadas, cuyas proporciones esconden numerosos rectángulos cuyas medidas se encuentran gobernadas por razones notables, que desvelaremos al ojo profano. Al igual que el resto del estudio, se ha llevado a cabo mediante imágenes del templo que se han escudriñado haciendo uso del software libre de geometría dinámica GeoGebra. En este sentido, nos encontramos asistidos por el hecho de que las homotecias conservan los ángulos y las razones entre los lados de los polígonos semejantes.

No siendo la seo almeriense el ejemplo más destacable en el empleo de una pluralidad de arcos, al menos nueve tipos diferentes se encuentran presentes en el monumento. Esta representación nos dará juego a exponer su construcción, caracterizando los elementos matemáticos que subyacen en ellos y llevando a término una clasificación previa en función del número de centros que posean. Paradójicamente, el más elaborado de todos ellos se encuentra en las alturas, siendo casi imperceptible desde el exterior, cuestión que motiva quizá con más fuerza la necesidad de señalar la dirección de la mirada, educando al ojo hasta convertirlo en una herramienta matemática añadida.

La utilización del término gótico tardío, tan extendido entre los textos que podamos encontrar en las referencias usadas, así como en múltiples más que podemos consultar, quizá no haga justicia al monumento, pues la afición por llegar tarde no es ninguna cualidad que podamos enarbolar cuando elaboramos nuestro currículum vitae. Más bien, puede considerarse un adjetivo peyorativo, que contrasta con los impresionantes diseños de las bóvedas, por lo que su empleo tan solo obedece a establecer una referencia temporal. Su ejecución, en base a la evolución de las bóvedas de crucería sencillas hacia lo que puede representar el sumun de la arquitectura gótica, las bóvedas estrelladas, donde los combados son los grandes protagonistas, revelan una nueva pista que puede conducir a la autoría de Rodrigo Gil de Hontañón.

Y casi para terminar el viaje lo hacemos en sentido inverso a su comienzo, hablando del claustro neoclásico, una joya del momento que no estuvo exento de polémicas, y cómo su artífice hizo de la necesidad virtud. Nuevamente serán las proporciones las que marquen las directrices constructivas inherentes al estilo arquitectónico, materializando en la ejecución el papel protagonista.

Pero si el total es la suma de las partes, detenernos en pequeños detalles como los que se muestran en el último capítulo, nos puede dar pie a seguir afilando la mirada, para darnos cuenta de una miscelánea de situaciones en las que las matemáticas están presentes y en ocasiones consigan despejar dudas.

Para situar espacialmente al lector que no conozca el entorno de la Catedral o la Almedina, se han incluido como anexos distintos planos de la zona, así como otro de la planta del edificio.

Son todos los que están, pero no están todos los que son, pues otros espacios podrían ser tan dignos como los presentados para ser estudiados bajo las lentes que aportan las matemáticas, si bien el método de estudio y las limitaciones de acceso, han hecho inviable su inclusión.

El libro que tienen en sus manos, comenzó con una beca de investigación del Instituto de Estudios Almerienses, a quien debo un agradecimiento institucional, y sin cuyo auspicio probablemente nunca habría encontrado el momento para sentarme a reflexionar y plasmar por escrito lo que aquí se recoge. No quisiera dejar de agradecer también a mi profesor Juan José Moreno por animarme a escribir, así como al que ha sido mi tutor Juan González acompañándome con entusiasmo mucho más allá de las obligaciones que se le exigía.

Y como siempre, las deudas se las debo a Raquel y Amaia, a quienes les robo el tiempo que les pertenece por derecho, y que ceden con la generosidad que las caracteriza.

1

Historia de la Catedral de Almería

> Una pila de piedras deja de ser una pila de piedras
> en el momento en que un solo hombre la contempla,
> concibiendo por dentro la imagen de una catedral.
>
> ANTOINE DE SAINT-EXUPÉRY (1900-1944)

El germen histórico

Poco haría presagiar a los pobladores de Almería en las postrimerías del s. XV que su forma de vida estaba a punto de dar un giro inesperado. Tan convulsa vivencia, difícilmente podía explicarse si tenemos en cuenta los términos en los fueron redactadas las Capitulaciones de Almería. Rubricadas por los Reyes Católicos en 1489, El Zagal entregaba la ciudad sin derramamiento de sangre y entre otras concesiones, Isabel y Fernando permitían a sus habitantes conservar la lengua, la religión o incluso las mezquitas, prohibiendo taxativamente a los cristianos entrar en ellas.

Hasta el término para designar a los musulmanes que pasaban a ser súbditos de la unificada corona de Castilla y Aragón, mudéjares, no deja lugar a dudas. Desde el punto de vista etimológico, sus raíces se encuentran en el vocablo *mudağğan*, que procedente del árabe clásico significa domado o domesticado.

La unión Iglesia-Estado es más que patente durante la guerra de Granada, y la bula promulgada en 1486 por el Papa Inocencio VIII autorizaba a los Reyes Católicos a erigir monasterios, parroquias e iglesias *en las ciudades, villas y lugares ganados y que en lo sucesivo ganaren, del reino de Granada*.

A la presencia de los cristianos, nuevos señores de las tierras almerienses, hay que sumar las intrigas palaciegas fomentadas por El Zagal. Al ser descubiertas por su sobrino Boabdil, a la sazón emir de Granada, provocaron que sus huestes marchasen sobre los territorios en manos de su tío (concedidos como contraprestación a su vasallaje a los Reyes Católicos) a la vez que pretendían obtener un puerto de mar por el que pudiesen desembarcar refuerzos, que como durante siglos, procedieron de pueblos diversos asentados en el norte de África. Viéndose acorralado el Zagal y tras tener que huir de sus posesiones en Laujar, abandonó definitivamente la Península a finales de 1490 (Bernáldez, 1953, 640).

Una vez sofocadas estas revueltas, los Reyes Católicos deciden zanjar la guerra, a lo que dedicarán todos sus esfuerzos diplomáticos y en última instancia los de índole militar, desembocando en el Tratado de Granada en 1492. El Rey Chico entregaba el último territorio aún en manos de la dinastía nazarí, a cambio de posesiones en la Alpujarra y la tolerancia para los pobladores granadinos, en unos términos similares aunque menos benevolentes, que los alcanzados tres años antes para los ya mudéjares almerienses.

Los éxitos cosechados, enaltecieron los ánimos de la cristiandad y con la colaboración indiscutible del Gran Cardenal de España, Pedro González de Mendoza (1428-1495) y su protegido, el Cardenal Cisneros (1436-1517) y confesor de la reina Isabel, la política de convivencia religiosa se defenestró. La llegada de Cisneros a Granada en octubre de 1499, supuso un cambio sustancial en la política evangelizadora llevada a cabo por Hernando de Talavera (1428-1507) que habiendo aprendido árabe y congraciándose con la población, en 1505 tuvo que sufrir un proceso sostenido por la Inquisición, en el que se vertían contra su persona acusaciones de herejía y apostasía de la fe.

En Almería se hacía imperiosa la necesidad de tener lugares de referencia al culto de los nuevos monarcas, una manera adicional de subyugar a los recién conquistados y casi durante ocho siglos, enemigos acérrimos. El emplazamiento ideal para estos propósitos, no fue otro que la antigua Mezquita Mayor (espacio donde actualmente se radican la Iglesia de san Juan, así como el cuartel militar de la Misericordia) y en 1492, allanado el terreno en la vecina Granada, se convierte en la primera Catedral almeriense.

Aunando la sinergia producida por el siempre placentero viaje al interior de la Mezquita de Córdoba, junto con el relato del alemán Jerónimo Münzer que visitó Almería en 1494, podemos evocar cómo podría haber sido el primigenio edificio al que destinamos el estudio:

«La antigua mezquita, convertida en iglesia, es no sólo el mayor templo de Almería, sino también uno de los más bellos del reino de Granada. (…) Está sustentada por unas ochocientas columnas, y en tiempo de los moros ardían en su recinto más de un millar de lámparas. (…) En el centro del edificio hay un amplio jardín de forma cuadrada plantado de limoneros y de otros árboles, enlosado de mármol, y en medio de él la fuente en donde los fieles, según lo mandan sus preceptos, se lavan antes de entrar en el templo, el cual mide ciento trece pasos de largo por sesenta y dos de ancho.» (Lentisco et al, 2007, 43).

El empeoramiento en las políticas fiscales de los mudéjares, junto con las conversiones para avenirse con los nuevos gobernantes, desembocaron en un levantamiento de la población del reino entre 1499 y 1501. Esto dio pie a que se considerasen por incumplidos los requerimientos del Tratado de Granada y desembocó en las pragmáticas de febrero de 1502, por las que se forzaba a los mudéjares a convertirse a la fe cristiana. De la misma forma, los mudéjares almerienses fueron obligados a dejar la ciudad, reduciéndose su población a un 4 % (Segura, 1982, 42), teniendo los Reyes Católicos que paliar esta situación por medio de repobladores cristianos, a los que se les ofrecían privilegios como la entrega de casa o exenciones fiscales.

Si la sismicidad de Almería fuese otra, es plausible que las obras que se fueron sucediendo dieran origen a un templo cristiano como le ocurre al cordobés, encontrándonos entonces con una mezquita-catedral. En efecto, los esfuerzos por adaptar el templo árabe a la impronta cristiana se dieron de bruces, el 22 de septiembre de 1522, con un terremoto que asoló la ciudad. En palabras de Pedro Mártir de Anglería:

«El terremoto ha sacudido la ciudadela y su insigne templo catedral, juntamente con todos los conventos, derribándolos por tierra y lanzando en pedazos sus sillares (...) De entre los edificios de la ciudad entera apenas si se escaparon vivos dos; otros dicen que uno, supuesto que el otro ha quedado cuarteado. Cuanto mayor y más sólida era la estructura de las casas, con tanta más facilidad caían al ser sacudidas.» (López, 1956, 276-278).

Una búsqueda en la página web del Instituto Geográfico Nacional en la que se relacionan los terremotos más importantes en España, nos conduce a una estimación de 1000 fallecimientos, así como magnitud de 6,5 puntos en la escala de Richter. Realizando una comparación quizá sólo acertada por la proximidad con el momento actual, tenemos la oportunidad de fijarnos en el sismo que sufrió Lorca en 2011, y que con una magnitud de 5,1 puntos, provocó el fallecimiento de nueve personas. Teniendo en cuenta que la energía liberada por un terremoto (E) se relaciona con la magnitud del mismo (M) mediante la expresión (Kasahara, 1981):

$$log\ E = 1,5M + 11,8 \Longrightarrow E = 10^{1,5M + 11,8}$$

podemos comparar las energías de los terremotos de Almería y Lorca denotándolas por E_{1522} y E_{2011}, respectivamente. Si las magnitudes establecidas para los seísmos mencionados son $M_{1522} = 6,5$ y $M_{2011} = 5,1$ y, concluimos que:

$$\frac{E_{1522}}{E_{2011}} = \frac{10^{1,5M_{1522}+11,8}}{10^{1,5M_{2011}+11,8}} = \frac{10^{1,5\cdot6,5} \cdot 10^{11,8}}{10^{1,5\cdot5,1} \cdot 10^{11,8}} = 10^{1,5\,(6,5-5,1)} \cong 125,89$$

Es decir, que la energía liberada en el terremoto que asoló la Almería de 1522, fue en torno a 126 veces la del que tuvo lugar el 11 de mayo de 2011 en Lorca. Unido esto a los materiales y técnicas constructivas actuales, podemos hacernos una idea del grado de destrucción ocurrido en la Almería de 1522.

En particular, el conjunto defensivo de la ciudad, formado por murallas con adarves, torres y dominando la ciudad la Alcazaba, debieron quedar seriamente dañados. Nótese que a los estragos del terremoto de 1522 hay que sumar los producidos por otro seísmo acaecido en noviembre de 1487 y del que su funesta consecuencia también se hizo eco Jerónimo Münzer[1].

A toda esta lista de sucesos luctuosos, hay que añadir la presión que sufrieron las costas andaluzas por los corsarios y piratas berberiscos o turcos. Ávidos de botín, especialmente humano, e incluso espoleados por la guerra santa, comenzaron su andadura y en los albores del s. XVI perpetraron acciones tan llamativas como un asalto a Málaga en 1505. Es más que probable que la frase *haber moros en la costa,* se acuñe en estas fechas (Sancho, 2004).

La nueva catedral

Quizá por otras obligaciones eclesiásticas, los tres primeros obispos de la diócesis de Almería tras la Reconquista, aun aceptando las obligaciones del cargo, nunca llegaron a fijar su residencia en este confín de la Península. Por suerte para el devenir de la Catedral de Almería, no ocurrió lo mismo con el fraile franciscano Diego Fernández de Villalán (1466-1556) que alcanzó la distinción de obispo de Almería el 17 de julio de 1523, ejerciendo el emperador Carlos V el derecho de patronato real frente al sumo pontífice Adriano VI (López, 1999, 191).

---

1   (…) *pero por consecuencia de un terremoto que hubo después de la conquista, mucha parte de la ciudad está en ruinas y deshabitada; sus casas, que en otro tiempo pasaban de cinco mil, hoy no llegan a ochocientas.* (Lentisco et al, 2007, 43)

Villalán colaboró estrechamente con el Cardenal Cisneros (nótese que ambos pertenecían a la orden Franciscana) llegando a ser su confesor, desde 1501 hasta su fallecimiento en 1523, lo que lo situó cerca de la corte y le permitió ascender en la jerarquía eclesiástica, en la que ya se había labrado un prometedor futuro alcanzando el título de predicador de reyes (López, 1999, 191).

Pero la llegada del recién estrenado obispo de Almería a la ciudad, no debió ser nada halagüeña; la destrucción producida por el terremoto, hacía que el culto en la mezquita-catedral se realizara sobre un espacio devastado. El resto de parroquias, no habían corrido mejor suerte y el trabajo pastoral no podía llevarse a cabo en tan precaria situación.

Piratas berberiscos, moriscos insurgentes y ausencia de un templo catedral, son una mezcolanza que bien justifican la construcción de un edificio que actualmente llamaríamos de usos múltiples: una catedral-fortaleza. Pero Diego Fernández de Villalán, de carácter y tesón debería ir sobrado, como atestiguan sus numerosos encontronazos con personajes de la mayor autoridad como Pedro Fajardo y Chacón (ca. 1478-1546), primer marqués de los Vélez.

Las necesidades económicas que requería la construcción de una catedral, así como de otros templos en las distintas villas bajo la autoridad de Villalán, pasaban por reorganizar la recaudación de diezmos o su dual musulmán:

«Las rentas de los habices tenían en los lugares de la sierra de Filabres una gran importancia. Procedían de las donaciones de los musulmanes, antes de la Reconquista, para las mezquitas, los pobres, la redención de cautivos, así como para la construcción de aljibes, fuentes y caminos. El obispo de Villalán, de acuerdo con el Cabildo, entabló este duro pleito contra doña María de Luna, dispuesto a no ceder y recuperar sus derechos y con el deseo de emplear estos recursos en la construcción de la Catedral.» (López, 1999, 204).

A diferencia de lo ocurrido con sus predecesores, el obispo Villalán entiende que el nuevo templo debe constituir la refundación cristiana de Almería (Villanueva, 1993, 73). Alejarse del antiguo centro de la ciudad musulmana, la Almedina, supone romper con el orden establecido y requiere, dentro de los límites amurallados, desplazar el centro de gravedad hacia levante. El nuevo emplazamiento, menos densamente poblado, es en parte ocupado por viviendas del arrabal de la *musalla*, y para albergar tan soberbia construcción, son adquiridas a sus propietarios, de lo que encontramos constancia documental (López, 1999, 195).

El espacio que ocupará el nuevo templo, debe romper con los cánones de una ciudad musulmana que emplean trazados de calles estrechas y sinuosas, por lo que el planteamiento urbanístico que aún podemos observar alrededor de la catedral, difiere sustancialmente del que encontramos a pocos centenares de metros en el entorno de la calle Almedina.

El plan ambicioso del obispo Villalán, le planteó serias desavenencias con los vecinos de la Almedina, que consiguieron paralizar el comienzo de las obras del nuevo templo, por orden del emperador Carlos V. Una vez requerido el informe pertinente y siendo favorable a los planes del obispo, Villalán encuentra el camino expedito para continuar con la construcción de la Catedral-fortaleza. Así, el solemne acto por el que se coloca la primera piedra de la Iglesia Catedral de la Encarnación, tiene lugar el 4 de octubre de 1524[2], coincidiendo con la festividad de san Francisco de Asís, fundador de la orden franciscana.

En la actualidad, la autoría de la planta y el diseño original de la seo almeriense no están contrastados, aunque no pocas son las referencias que podremos encontrar entre las que postulan a Diego de Siloé (ca. 1495-1563) como el arquitecto al que se le encargó las tareas de proyectar y erigir el edificio (Navacués y Sarthou, 1998, 20 o Rodríguez et al, 197, 17).

La Catedral de la vecina Granada, había sido planteada por el arquitecto Enrique Egas (ca. 1455-1534) siguiendo los cánones del gótico tardío. Ya iniciadas las obras de la Catedral de Granada, en las que había colaborado Juan Gil de Hontañón (ca. 1480-1526) y con el cambio de Cabildo, en 1529 se le solicita a Siloé un diseño nuevo para la obra que seguirá marcadas líneas renacentistas:

> «Fue menester un viaje del arquitecto a Toledo, donde debió de convencer al Emperador de su proyecto desechando, por ya caducas, la estructura gótica de Egas.» (Navacués y Sarthou, 1998, 132).

---

2   La fuente de consulta documental más empleada para situar las vidas y las obras de los obispos almerienses, es la ingente obra de Juan López Martín, *Almería y sus obispos*, editada en 1999 y que se encuentra referenciada en la bibliografía. En la datación de la colocación de la primera piedra de la catedral, se comete un error que bien puede atribuírsele a cuestiones tipográficas, pues indica el año 1534, cuando debería leerse 1524.

Esta asincronía, no hace menos plausible atribuir la autoría a sus coetáneos Antón Egas (1475-1531) arquitecto de la Catedral de Salamanca, o incluso Rodrigo Gil de Hontañón (1500-1577) autor del templo catedralicio de Segovia (López, 1999, 223), cuyos interiores evocan claramente a la de Almería.

Sea quien fuere el arquitecto que diseña la Catedral de Almería, se plantea desde un primer momento con planta rectangular y tres naves a la misma altura, a excepción del crucero que queda ligeramente más alto coronado por una linterna. Esta planta, llamada de salón, está condicionada por la escasez de la luz que aportan los pequeños ventanales abiertos en sus murallas. Tanto este hecho, como la poca elevación de sus muros, o las cubiertas planas, son soluciones que responden al carácter militar y defensivo con el que se crea: ventanas grandes, suponen debilitar los muros; cubiertas planas y a la misma altura, facilitan el emplazamiento de piezas de artillería con las que repeler ataques, así como la movilidad de las tropas defensoras.

Es usual que la planta de los templos góticos tenga orientación este-oeste, situando al este la capilla mayor, siguiendo las recomendaciones de Vitruvio[3]. La Catedral de Almería, no incumple esta máxima y añade la también recurrente girola precedida de tres capillas, que conforman desde el exterior auténticos bastiones. Esta idea se refuerza si tenemos en cuenta que los eventuales peligros vendrían, teóricamente, en mayor medida desde las fachadas sur y este. Los contrafuertes aumentan el carácter sobrio de la Catedral y no se disponen capillas en la fachada norte, para ser salvaguardadas por el sur, mediante un patio de armas. Todo el conjunto se encuentra, junto con la girola, situando vértices ocupados por torres, de planta cuadrada (este es el caso de la torre del campanario, concebida probablemente como torre del homenaje) o bien cuadrada que con posterioridad tiende a ochavarse (como les ocurren a los dos torreones en

---

3   En el capítulo 3, dedicado a los templos, Vitruvio afirma: «la orientación de los templos de los dioses inmortales debe establecerse de la siguiente forma: si no hay ningún obstáculo y si se presenta la oportunidad, la imagen sagrada, que será colocada en la cella, se orientará hacia el occidente, con el fin de que quienes se acerquen al altar para inmolar o sacrificar víctimas, miren hacia el oriente y hacia la imagen sagrada situada en el templo; así, quienes dirijan sus súplicas contemplarán al mismo tiempo el templo y el oriente y dará la impresión de que las mismas imágenes son las que contemplan a los que elevan sus súplicas y sacrifican sus víctimas, por lo que es preciso que los altares de los dioses queden orientados hacia el este.» (Vitruvio, 1997, 107).

el lienzo sur), aunque la pluralidad de formas también contemple las de planta semicircular, precedidas de un rectángulo.

Ilustración 1: Lienzo sur de la muralla y torre sureste
de planta cuadrada que se ochava en su alzado

El sistema defensivo es completado con saeteras, troneras, murallas con adarves en torno al patio de armas, así como almenas en los baluartes a levante y gracias a la apertura al público de la ronda del beato Diego Ventaja, podemos alcanzar una clara visión del conjunto de los elementos descritos. Reforzada además la muralla en su base, es el lienzo visible con un carácter más desprovisto de ornamentos, sin puertas de acceso y dedicado en exclusiva a la utilidad militar.

Los sillares empleados serán extraídos de la cantera de san Roque[4], situada en la actual plaza del anzuelo en el popular barrio de Pescadería, arrojando un análisis de los mismos que se tratan calcarenitas del Plioceno. Serán colocados a dos caras de unos 40 cm de anchura cada una, rellenando el espacio intermedio con cascotes, lo que le confiere un espesor en los

4   Estas y otras canteras aledañas, sirvieron para la construcción tanto de la Alcazaba, como de los nuevos edificios religiosos que se erigieron a partir del s. xvi, siendo incluidas a partir de 2017 en el Catálogo General del Patrimonio Histórico Andaluz, y considerándose Bien de Interés Cultural (BIC). A pesar del reconocimiento, no cuentan con ningún tipo de protección que las preserve.

muros más estrechos muy superior al metro. Los artífices de la empresa fueron en su mayoría cristianos viejos de origen vasco, si bien también se hallaban entre las filas de los obreros otros canteros manchegos (López, 1999, 196).

El gótico tardío y la implantación de renacentismo

Por este estilo se conoce las trazas arquitectónicas que dieron paso a las renacentistas, y en las que ya se aprecian desviaciones respecto a las clásicas, como abandonar la planta de cruz latina, eliminando el transepto o crucero, nave perpendicular que sobresale del rectángulo mayor y que rememora la imagen de la cruz.

El gótico es un estilo ampliamente difundido en la Iglesia y, por lo tanto, una seña de identidad que se ve reflejado en la Catedral almeriense. Esta, junto con la de Segovia, constituyen los dos últimos ejemplos erigidos en este estilo arquitectónico que podemos contemplar en la Península.

En el lugar que ocuparía el transepto, se abren sendas puertas tanto al exterior como al claustro. Como les ocurre a las disposiciones decorativas de las portadas, a las que nos referiremos con detenimiento en el capítulo 4, se encuentran divididas en tres partes bien diferenciadas. Y es que el número tres es muy recurrente en el cristianismo. Sirvan como ejemplos:

a. La Trinidad, o dogma central de la iglesia católica: Dios es un único ser que puede manifestarse como el Padre, el Hijo y Espíritu Santo.
b. El hombre se compone de tres aspectos: cuerpo, alma y espíritu. (1 Tesalonicenses 5:23).

Las cubiertas de las naves, son resueltas mediante bóvedas de crucería, permitiendo un mayor apuntamiento de las techumbres que las otrora románicas. La presencia de los pilares y columnas en la nave, tiene un dual en el exterior, al apoyarse los arcos sobre columnas adosadas a gruesos contrafuertes que compensan las cargas sobre el cerramiento del edificio.

La práctica uniformidad en la altura, elimina la necesidad de arbotantes, y los esbeltos pináculos tan característicos del gótico, son sustituidos por secciones de pirámides o jarrones con decoración floral.

En torno a la girola y formando la cabecera, se disponen por un lado la capilla mayor, así como las actuales capillas de la Piedad, del Santo Cristo de la Escucha y la de san Indalecio, conformando el ábside. Si bien las de la Piedad y de san Indalecio tienen planta semicircular precedidas de un tramo recto, la del Santo Cristo es de base cuadrada, aunque al alzarse tiende a ochavarse duplicando los lados del cuadrado del que surge. Desde el exterior el viandante puede pasear por la calle Cubo, apreciando las formas de las capillas, y precisamente la del Santo Cristo, nace de un soberbio poliedro que quizá dé nombre a la vía pública por la que transita.

La resolución del obispo Villalán, junto con el saneamiento de la economía de la diócesis, hacen que este proyecte la obra de mayor calado del momento, convirtiéndose en el motor económico de la ciudad. Para ello, no escatima en recursos, tratando de erigir una edificación perdurable, marcando distancias con lo musulmán, y que pondrá de manifiesto la capitalidad del obispado. La idea de catedral-fortaleza, se refuerza por la actividad incesante del pirata berberisco Barbarroja que, con base en la cercana Argel, causa el pánico por el mar Mediterráneo. Esta situación, hace que se acrecienten las defensas en la costa, y pasando a la ofensiva, el emperador Carlos V planteó la toma de Túnez en 1535, poniendo en fuga al feroz pirata.

Las obras avanzan a paso firme entre 1524 y 1540, estando concluidos los muros perimetrales del claustro y de la mayor parte del templo (Tapia, 1992, 354). Pero en torno a 1540 se produce una desaceleración del ritmo de la construcción, cuestión que representó la incorporación crucial a la dirección de la obra de Juan de Orea (1525-1580). La mano del joven arquitecto y escultor, supondrá el desembarco de los cánones renacentistas en Almería: la portada principal, la de los Perdones, la linterna del crucero, la sacristía, así como la talla del coro, son obra suya, y es innegable la bellísima ejecución que lleva a cabo.

La factura de la Catedral no será la única en Almería bajo la dirección de Orea, pues su impronta se puede apreciar nuevamente en la Iglesia de Santiago y de manera sobresaliente en su portada lateral. Aquí la iconografía no deja lugar a la ambigüedad, con el escudo de Villalán sobre el que se erige un altorrelieve del Apóstol a caballo y sosteniendo una espada bajo la que son esquilmados un conjunto de personajes vestidos de musulmanes, haciendo honor al apelativo de *Matamoros*. Esta imagen tiene una dual en la que encontramos en la fachada del palacio de Carlos V en la Alhambra de Granada, donde es ahora el emperador también a caballo, quien se muestra con casco y armadura, teniendo a los pies del equino a los vencidos.

Juan de Orea fue discípulo del arquitecto y pintor Pedro Machuca (ca. 1490-1550) a la vez que se convirtió en su yerno. Machuca se formó en Italia de la mano de Miguel Ángel Buonarroti y entró a formar parte del taller del gran Rafael Sanzio, colaborando en la decoración de la Capilla Sixtina. La vuelta de Machuca a España, alrededor de 1520, está caracterizada como pintor y retablista, hasta su encargo más conocido en el que ejerció de arquitecto para el palacio del emperador Carlos V. En esta obra, también contribuyó Juan de Orea como escultor y al fallecimiento de Machuca le encomiendan la continuidad de su trabajo en Granada, alcanzando el puesto de maestro mayor de su Catedral el 17 de octubre de 1577. Con estos valedores, el Renacimiento entraba en la capital almeriense en todo su esplendor.

Villalán, gran artífice y mecenas de la Catedral, falleció el 7 de julio de 1556 y descansa en un sepulcro esculpido también por el genial Orea, situado en el centro de la capilla del Santo Cristo de la Escucha. A sus pies descansa un perro de raza alano provisto de un collar, cuya iconografía responde a la fidelidad de los cánidos[5] y quizá al topónimo del obispo que podría derivar de Villacán. El epitafio labrado en los laterales de la tumba, no alberga dudas en relación a la importancia y aprecio que sus correligionarios le profesaban (Sánchez, 2008, 365):

DOMS

FRATER DIDACUS FERNANDEZ DE VILLALAN

HUIUS SANCTAE ECCLESIAE EPISCOPUS QUARTUS

HIC IACET IN GELIDO MARMORE CLAMORE CLAUSUS HUMO

QUI HANC ECCLESIA MAGNO ANTEA TERREMOTUS DIRUTAM

ATQUE POSTRATAM SUMMIS TUM SUNTIBUS TUM LABORIBUS

AB IPSIS FUNDAMENTIS UTI EST ERIGENS

SOLUS IPSE CONSTRUXIT

Consagrado al Dios Máximo y Omnipotente. El Hermano Diego Fernández de Villalán, Cuarto obispo de esta Santa Iglesia. Yace aquí, polvo sórdido, encerrado en frío mármol, aquel mismo que, por sí solo, construyó esta iglesia, destruida y echada por tierra poco antes por un terremoto, levantándose desde los mismos cimientos hasta como está ahora, con grandes esfuerzos y gastos de caudales.

---

5   Algunos autores se hacen eco del amor de Villalán por los perros de la raza alano (Ruz, 2021) e incluso Castro (1932) le dedica un romance en el que se llega a afirmar que uno de sus cánidos lo salvó de la muerte, avisándolo momentos antes de un derrumbamiento durante las obras en la catedral.

QUEM POST TRIGESSIMUM EPISCOPATUS SUI
VITAE VERO NONAGESSIMUM ANNUM VITA FUNCTUM
ANNO VIDELICET DOMINI MDLVI MENSIS AUTEM JULII DIE VII
EUISDEM ECCLESIAE SANCTAE DECANUS ET CAPITULUM
OPTIMUN PATREM BENEQUE DE SE MERITUM PRAESULEM
HOC TUMULTUM PONENDUM CURARUNT

Al que, después de treinta años de episcopado y noventa de vida, acabó su existencia el día siete del mes de julio del año del Señor de 1556, a tan óptimo padre y benemérito prelado el deán y Cabildo de esta Santa Iglesia cuidaron de dedicarle este sepulcro.

Es destacable por lo anecdótico, que el epitafio contiene un error en la duración del cargo como obispo de la diócesis de Almería, pues su mandato se alargó durante 33 años y no 30 como se indica cincelado en su tumba.

De forma efectiva, el obispo que ocupará el cargo vacante en Almería será el salmantino Antonio Corrionero de Babilafuente (? - 1570) que continuó las obras iniciadas por Villalán de la mano de Juan de Orea; fruto de ello será la culminación de la sacristía o el magnífico coro tallado en madera de nogal, que consta de dos alturas de sillerías. Según López (1999, 251-252):

«La obra del coro es una lección de teología, presentando el misterio de la Iglesia y en especial la «comunión de los Santos». Está realizado en el más puro estilo renacentista y por supuesto que Juan de Orea debió usar cartones traídos por Machuca de Toscana, ya que algunos bajorrelieves son réplicas de obras de Miguel Ángel.»

A Corrionero se le considera un teólogo destacado y prueba de ello es su activa participación en el Concilio de Trento, inicio de la Contrarreforma ante el auge de las tesis sostenidas por Lutero. Su paso por la diócesis de Almería, se verá reflejada en la Catedral mediante el escudo que puede observarse en el coro y que, en consonancia con el conjunto, está tallado en madera de nogal. La recurrencia a los animales para formar parte de la heráldica en los escudos del clero, como ocurre con Villalán, se ve plasmada por un ciervo junto a una fuente, cuya iconografía alude al cristiano que acude a beber la verdad de Cristo.

Tras el Concilio de Trento otro hecho marcará el devenir en los trabajos de la Catedral de Almería. Entre 1565 y 1566, Corrionero participa en el Concilio de Granada, teniendo entre sus puntos más destacados el problema de los vencidos. De manera tácita, los moriscos habían seguido con sus costumbres y de forma velada con su religión. Los obispos reunidos en Granada bajo el mandado del arzobispo de la diócesis, reclaman a Felipe II nuevas medidas coercitivas que se recogerán en la Pragmática Sanción de 1567, y que desembocarán en la Rebelión de Las Alpujarras (1568-1571). Este hecho, tildado de guerra, dirigirá los esfuerzos económicos a los fines bélicos y supondrá la práctica paralización de las obras del templo catedralicio.

Antonio Corrionero de Babilafuente falleció en 1570 y fue enterrado en un sepulcro en la capilla de la Piedad, del que actualmente sólo se conserva la lápida.

Las subsiguientes obras del templo catedralicio, se retoman con el también franciscano Juan del Castillo y Portocarrero (?-1631) siendo preconizado obispo de Almería mediante una bula del Papa Clemente VIII, el 29 de julio de 1602 (López, 1999, 311).

La llegada de Portocarrero a Almería, permitió la finalización de los trabajos del cerramiento de la Catedral-fortaleza. Así, la torre del homenaje que actualmente alberga el campanario, estaba en los cimientos desde 1559, y retomó las obras postulando su terminación ante el Cabildo en 1604, junto con los últimos retoques a los muros del claustro, lo que ponía fin a los paramentos exteriores. Durante su mandato, se construye la última capilla lateral, la del sagrario, culminando las obras en 1610.

Por indicación expresa de Portocarrero, tras su fallecimiento el 8 marzo de 1631 y transcurridos exactamente 28 años de su mandato, fue enterrado en la capilla del sagrario. A diferencia de Villalán o Corrionero, sus restos no descansan en un sepulcro *ya que por humildad había prohibido se le hiciese urna especial, e inscripción alguna* (López, 1999, 320). Aunque se colocó en esta capilla su escudo heráldico señalando el emplazamiento de sus restos, las obras para la ampliación de la misma, llevadas a cabo entre 1721 y 1722, dieron al traste con el lugar del enterramiento. Habría que esperar hasta el 4 de febrero de 1974, en el que las reformas para la instalación del Museo Catedralicio permitieron encontrar la tumba de Portocarrero. Los exiguos restos conservados, descansan en una pequeña urna junto a los de Villalán en la capilla del Cristo de la Escucha.

La huella de Portocarrero, como le ocurre a Villalán o Corrionero, se puede observar actualmente en la cara norte de la torre del homenaje en la que se encuentra situado su escudo. De aquí se deduce que los obispos constructores de la Catedral de Almería, dejaron estampillada su iconografía en forma de escudo heráldico sobre las obras que se acometieron durante su mandato.

Aunque no es objeto de este estudio la controversia que asigna la autoría del sol antropomorfo situado en el exterior de la capilla del Cristo de la Escucha al obispo Portocarrero, lo cierto es que su realización es muy anterior a la llegada de Portocarrero. Probablemente fuese labrado in situ, alrededor de 1550, fecha en la que también se germinará el escudo de Villalán ubicado en el exterior de la capilla de la Piedad, proclamando a este como impulsor de la obra. En contraposición está el hecho de que el obispado de fray Juan comenzara 52 años más tarde. Lo cierto, es que el escudo de Portocarrero contiene también un sol con rostro humano en uno de sus cuarteles y quizá una asociación desafortunada de ideas, indujo a tal confusión histórica (Sánchez, 2008, 368).

Es incuestionable que, desde el punto de vista matemático, hay evidencias significativas que diferencian ambas imágenes, pues un simple conteo arroja que el número de rayos del mal llamado sol de Villalán es el doble de los que aparecen en el cuartel del escudo heráldico de Portocarrero.

La lividez del barroco y la llegada del neoclasicismo

Nuevamente la política en relación a los moriscos, viene a dejar huella en la Catedral. La expulsión en 1570 de los que residían en el reino de Granada, supone una importante despoblación del campo almeriense, debiendo ser paliada con repobladores cristianos. La hacienda del obispado se resiente y, tras la muerte de Portocarrero, se construyen las capillas del lado sur o de la Epístola gracias a los fondos aportados por ilustres y adineradas familias que se habían ido paulatinamente instalando en la ciudad, desde su incorporación a la corona.

Entre la capilla del sagrario y la puerta de acceso al patio de armas, se situarán tres capillas con una disposición análoga: acceso mediante arco ojival de doble abocinamiento y techumbre con forma de bóveda de cañón.

Así de este a oeste, encontramos las capillas de san Idelfonso (financiada por la familia Ballesteros), la de Nuestra Señora de la Esperanza (sufragada por la familia Puche y actualmente dedicada a los eclesiásticos asesinados durante la guerra civil de 1936) y la del baptisterio, que a partir de 1750 se encuentra consagrada al culto de la Virgen del Carmen y patrona del mar.

Aunque la fábrica de la Catedral estaba resuelta, su ornamentación era una cuestión pendiente, como pudo comprobar a su llegada a la seo de Almería el recién estrenado obispo Claudio Sanz y Torres y Ruiz de Castañedo el 14 de septiembre de 1761. Bajo su mandato y mecenazgo, se construyen el trascoro y el tabernáculo (en sustitución este último de uno existente fabricado en madera) ambos de carácter marmóreo, diseñados por Ventura Rodríguez (1717-1785) y a la sazón director de la Real Academia de Bellas Artes de San Fernando en Madrid.

No obstante, está documentada la autoría material y se debe al arquitecto Eusebio Valdés, en colaboración con el escultor Juan de Salazar y Palomino (1718-1790) ambos asentados en Granada en 1773, año en el que ya hay constancia de estar llevándose a cabo las obras del trascoro. Salazar también intervendrá en las esculturas que podemos observar en el trascoro, si bien una mirada sagaz encontrará diferencias con las del tabernáculo. Algunas son copias realizadas tras la guerra civil española (Nicolás y Torres, 2000, 218), en las que el sentimiento anticlerical de algunos milicianos en Almería, se cebó tanto con los religiosos, como con la iconografía católica.

El neoclásico hacía aparición en la Catedral, a la vez que el tan recurrente barroco, ícono de la Iglesia, daba sus últimos estertores, que se pueden apreciar en los púlpitos que ordenará Sanz y Torres erigir, y que flanquean la capilla mayor. Este espacio es el que sufre mayor transformación, pues se realizan distintos trabajos, como el tabernáculo a modo de templete, y la decoración de la cúpula. Y con especial impacto visual, se practican los huecos en sus muros para comunicar la capilla mayor con la girola, facilitando el seguimiento del culto, lo que completará su ornamentación.

El último hito arquitectónico reseñable desde el interés de este estudio, lo constituye el claustro neoclásico. El patio de armas, por orden del obispo Rodrigo de Mandía y Parga (1607-1674), se había convertido en un incipiente claustro de estilo gótico, cuando el obispo fray Anselmo Rodríguez Merino (1712-1798) sucesor de Sanz y Torres toma posesión del cargo.

La orden de san Benito a la que perteneció el obispo Rodríguez Merino tiene como máxima el consabido *ora et labora,* haciendo una división del día en tres grupos de ocho horas dedicadas al trabajo, la oración y el descanso, respectivamente.

El impulso de un claustro para la Catedral almeriense, va en total concordancia con los preceptos benedictinos y la importancia de ellos, podemos observarla en la misiva remitida a los abades y monjes al ser designado Rodríguez Merino general de la orden de san Benito en 1773:

> «Miráis la paz y la tranquilidad y la soledad, el silencio y la oración como los medios más seguros para conservar la piedad y para observar el orden, recogimiento y la religión en vuestros monasterios. La hospitalidad, tan respetada en la Religión de San Benito, la ejercitáis con tanto celo que, siendo universal para todos, ni turba la soledad de vuestros monjes, ni la quietud y tranquilidad de vuestros claustros.» (López, 1999, 678).

Aunque Ventura Rodríguez sigue trabajando incansablemente en la provincia de Almería y de forma especialmente destacada para la diócesis, se encuentra en los últimos años de su vida. En 1777 envía a su discípulo y estrecho colaborador, Juan Antonio Munar (?-1805), para que se ponga al frente de las obras que tiene en marcha.

A pesar de que Munar no se había titulado en la Real Academia de San Fernando, las recomendaciones que hacen de él, avaladas por sus obras, permiten que alcance la distinción de maestro mayor de fábricas del obispado, en 1779 (Gil, 2022).

Munar realiza los planos del diseño del claustro en 1785 y las obras comenzarán, no sin el recelo y la oposición del cabildo, en 1787, pues el planteamiento en un sobrio neoclasicismo contrasta con el gótico de la nave y la exhaustiva decoración de la puerta que da acceso al mismo (Navacués y Sarthou, 1998, 25).

Ilustración 2: Alzado del claustro de la Catedral (Fuente: Ministerio de Educación, Cultura y Deporte. Archivo Histórico Nacional, CONSEJOS, MPD. 236, 238)

El cainismo tan frecuente en la sociedad española, esta vez alentado por el también arquitecto Francisco Iribarne, llevó a Munar a la cárcel en 1789 por una denuncia sobre la solidez de la iglesia de san Sebastián en Olula del Río, que bajo un diseño de Ventura Rodríguez, había ejecutado Munar.

Tras más de once meses de reclusión en presidio y la expropiación de sus bienes, aún tuvo que esperar hasta el año 1798, donde se le exculpará de los cargos que habían sido vertidos sobre el arquitecto, llegando a afirmar el fiscal del caso que se trataba de una «calumniosa acusación» (Gil, 2022).

Pero quizá la pena ya había sido impuesta, y sin duda cumplida con creces, pues apartado del cargo de maestro de las obras de la diócesis, no pudo concluir su proyecto en la Catedral. Según Navacués y Sarthou (1998, 25) «el claustro neoclásico es en sí de las páginas importantes del neoclasicismo español y prueba una vez más cómo nuestros cabildos estuvieron atentos a incorporar en los templos catedralicios aquella arquitectura hija de la Ilustración.»

2

Herramientas matemáticas

Los sentidos se deleitan con las cosas que tienen las proporciones correctas.

SANTO TOMÁS DE AQUINO (1225-1274)

El estudio de los elementos matemáticos que subyacen en la Catedral de Almería, requiere poner de manifiesto algunos resultados que emplearemos de manera reiterativa para demostrar las relaciones existentes entre las partes del conjunto. Destacarán el uso de la semejanza de triángulos, así como dos egregios resultados geométricos que brillan con luz propia: los teoremas de Pitágoras y Tales.

De la misma forma, la teoría de proporciones nos permite visualizar en términos aritméticos el parecido entre los lados de un polígono, a la vez que poner en valor razones que se han ganado por méritos propios un espacio en la arquitectura como ideales de belleza, y que se encontrarán representados por los números metálicos.

Claramente este capítulo puede ser obviado por el lector que tenga asentadas las bases que en él se exponen. Aunque no se persigue un compendio enciclopédico de Geometría Sintética, el carácter científico y divulgador de la obra, auspicia que recoja los ingredientes suficientes como para llevar a término una lectura que no precise de frecuentes consultas en otras fuentes o, cuando menos, esa es la aspiración.

Teorema de Tales. Figuras semejantes

En el contexto de la Antigua Grecia, podemos situar a Tales (que vivió en Mileto, en la actual Turquía en el s. VI a. C.) verdadero estudioso de la semejanza de figuras y que creó la Escuela filosófica de Mileto, en la que también destacan Anaximandro o Anaxímedes. Tales, dará nombre al resultado que expondremos y aunque los textos con sus obras no se conservan, sí su impronta, que le hizo ser considerado uno de los Siete Sabios de Grecia.

Tales realizó múltiples viajes por el Mediterráneo oriental y el anecdotario popular lo llega a situar en Egipto, donde se le interpeló en relación a la altura de la gran pirámide de Guiza. Clavando una vara en el suelo y trazando desde su pie el largo de ella, indicó que cuando la sombra de la vara alcance la marca que establece su longitud, la sombra que arroja la pirámide coincidirá con su altura. Este hecho se fundamenta en la semejanza de triángulos que exponemos en las siguientes líneas, comenzando por un resultado crucial y que se atribuye al matemático griego.

Teorema (de Tales): Si dos rectas r y s se cortan por un sistema de paralelas, los segmentos determinados por los puntos de intersección sobre r, son proporcionales a los determinados por los puntos correspondientes sobre s.

Demostración: Sean r y s dos rectas secantes en el punto A y $\overline{BC}$, $\overline{DE}$ sendas rectas paralelas que cortan a r en los puntos B y D así como a s en C y D. Para fijar ideas, observemos la siguiente ilustración:

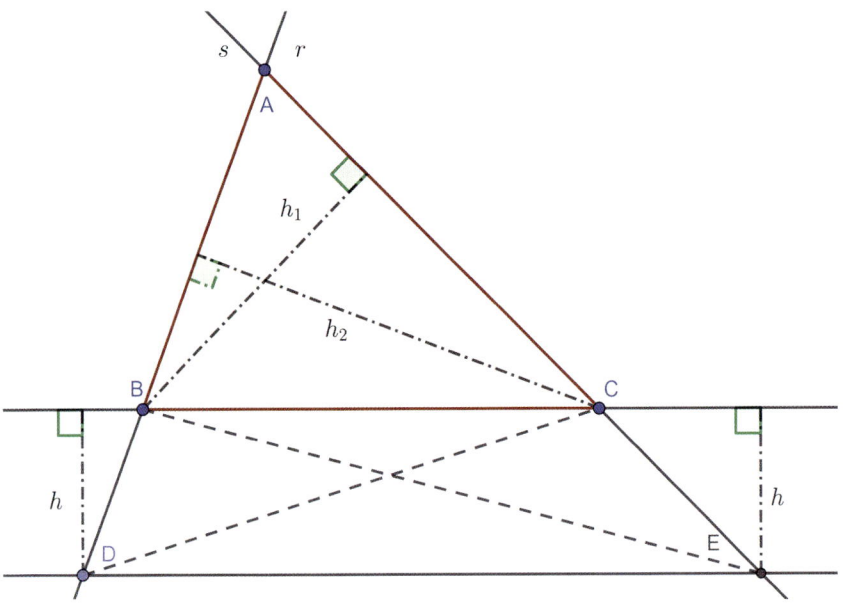

Ilustración 3: Demostración del teorema de Tales

Los triángulos BDC y BCE tienen la misma área, ya que comparten tanto su base $\overline{BC}$ como la altura h. Al añadirlos al triángulo ABC, nuevamente los triángulos ADC y ABE conservarán la misma área, esto es, $S_{ADC} = S_{ABE}$.

Si sus alturas respectivas son h_1 (trazada desde B) y h_2 (trazada desde C), se tiene:

$$S_{ADC} = S_{ABE} \Leftrightarrow \frac{(\overline{AB} + \overline{BD})\,h_2}{2} = \frac{(\overline{AC} + \overline{CE})\,h_1}{2} \Rightarrow$$

$$\Rightarrow \frac{\overline{AB}\,h_2}{2} + \frac{\overline{BD}\,h_2}{2} = \frac{\overline{AC}\,h_1}{2} + \frac{\overline{CE}\,h_1}{2} \Rightarrow \overline{AB}\,h_2 + \overline{BD}\,h_2 = \overline{AC}\,h_1 + \overline{CE}\,h_1 \ (1)$$

Pero h_1 y h_2 son sendas alturas del triángulo ABC, luego

$$\frac{\overline{AB}\,h_2}{2} = \frac{\overline{AC}\,h_1}{2} \Rightarrow \overline{AB}\,h_2 = \overline{AC}\,h_1 \ (2)$$

Al dividir la expresión (1) entre la (2) se obtiene

$$\frac{\overline{AB}\,h_2}{\overline{AB}\,h_2} + \frac{\overline{BD}\,h_2}{\overline{AB}\,h_2} = \frac{\overline{AC}\,h_1}{\overline{AC}\,h_1} + \frac{\overline{CE}\,h_1}{\overline{AC}\,h_1} \Rightarrow 1 + \frac{\overline{BD}}{\overline{AB}} = 1 + \frac{\overline{CE}}{\overline{AC}} \Rightarrow \frac{\overline{BD}}{\overline{AB}} = \frac{\overline{CE}}{\overline{AC}}$$

lo que concluye la demostración.

Una consecuencia inmediata del teorema de Tales establece un método para dividir un segmento $\overline{AB}$ en n partes iguales. Podemos hacerlo sin más que trazar otro segmento con origen común y no paralelo al dado, digamos $\overline{AB'}$, cuya longitud sea n, unir los puntos B y B' y trazar por las n-1 divisiones iguales de $\overline{AB'}$, paralelas a la recta $\overline{BB'}$, cuyas intersecciones sobre el segmento $\overline{AB}$, nos darán la correspondiente partición.

Afrontamos ahora el concepto de semejanza, que corresponde con la idea extensamente generalizada de tener la *misma forma*. En este caso, la intuición no nos proporciona una herramienta práctica, por lo que necesitamos encontrar otra que sea operativa. Diremos entonces que dos **triángulos** ABC y $A'B'C'$ son **semejantes**, si tienen los mismos ángulos y los lados opuestos a ángulos iguales, son proporcionales, esto es:

a) $\hat{A} = \hat{A'}$, $\hat{B} = \hat{B'}$ y $\hat{C} = \hat{C'}$

b) $\dfrac{\overline{AB}}{\overline{A'B'}} = \dfrac{\overline{BC}}{\overline{B'C'}} = \dfrac{\overline{AC}}{\overline{A'C'}}$

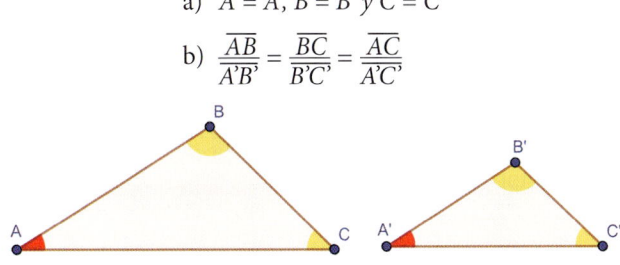

Ilustración 4: Triángulos semejantes

Indicaremos que los triángulos son semejantes, con el empleo de la notación $ABC \sim A'B'C'$. Cualquiera de los cocientes aparecidos en b) se llamará *razón de semejanza*, y la denotaremos por r. De esta forma concluimos que:

- Si $r < 1$, el triángulo $A'B'C'$ será una *ampliación* del ABC.
- Si $r = 1$ los triángulos serán iguales.
- Si $r > 1$ el triángulo $A'B'C'$ será una *reducción* del ABC.

Para no tener que comprobar todos los requisitos de la definición anteriormente expuesta para triángulos semejantes, veamos unas condiciones más cómodas desde el punto de vista funcional. Así diremos que dos triángulos son semejantes, si verifican cualquiera de los siguientes tres criterios:

- **Criterio 1:** Poseen dos ángulos iguales.
- **Criterio 2:** Tienen un mismo ángulo y los lados adyacentes son proporcionales.
- **Criterio 3:** Sus tres lados proporcionales.

De los criterios se desprenden algunas consecuencias inmediatas, aunque no por ello dejan de ser tremendamente útiles:

- Los triángulos equiláteros, son semejantes.
- Los triángulos isósceles que tienen el mismo ángulo desigual, son semejantes.
- Los triángulos rectángulos que tienen un ángulo agudo igual, son semejantes.
- Los triángulos rectángulos con catetos proporcionales, son semejantes.
- Todos los triángulos cuyos lados sean proporcionales a tres números dados, son semejantes.

En particular diremos que dos triángulos se encuentran en **posición de Tales**, si comparten un ángulo y los lados opuestos a este ángulo son paralelos. Nótese que la situación descrita requiere necesariamente que los ángulos de los dos triángulos sean iguales y por el primer criterio, cuando dos triángulos se encuentren en posición de Tales, podremos afirmar que son triángulos semejantes.

El teorema de Pitágoras. Proporciones musicales y dinámicas

Sin ningún esfuerzo, podemos hallar una considerable cantidad[6] de demostraciones del teorema de Pitágoras, basadas en métodos muy diversos. En este caso y para probar el resultado que nos atañe, vamos a recurrir a la semejanza de triángulos. Fruto de ella, y por el mínimo coste operacional, podemos establecer otros dos resultados clásicos versados sobre triángulos rectángulos, denominados teoremas de la altura y del cateto, aunque con menos renombre que el de Pitágoras.

Sea pues un triángulo rectángulo *ABC*, con $\hat{A} = 90°$, *b* y *c* sus catetos y denotemos a la hipotenusa por *a*. Al trazar la altura *h* sobre la hipotenusa, esta queda dividida en dos segmentos de longitudes *m* y *n*, que se denominan proyecciones de los catetos sobre la hipotenusa.

Puesto que los tres ángulos de un triángulo en el plano suman uno llano, los ángulos agudos de un triángulo rectángulo serán complementarios, esto es $\hat{B} + \hat{C} = 90°$, por lo que la ilustración adjunta nos muestra los triángulos *COA, AOB* y *CAB* que son semejantes:

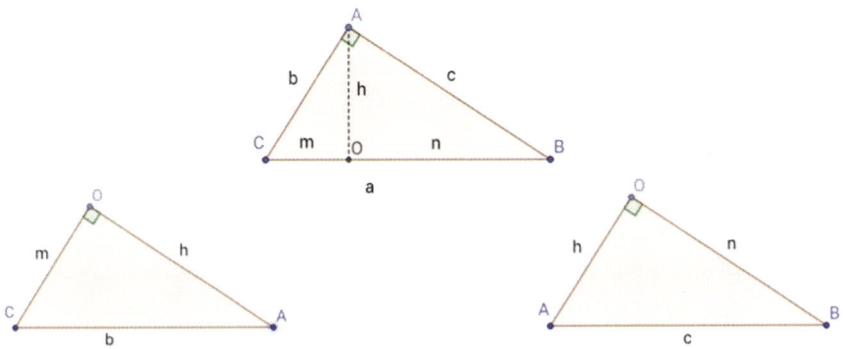

Ilustración 5: Descomposición de un triángulo rectángulo al trazar la altura sobre la hipotenusa

---

6   En 1927 el matemático estadounidense Elisha S. Loomis publicó The Pythagorean Proposition, que contiene una recopilación de 370 demostraciones distintas del teorema de Pitágoras, agrupándolas en algebraicas (109), geométricas (255), cuaterniónicas (4) y dinámicas (2). (Loomis, 1968)

Entonces:

$$COA \sim AOB \Longrightarrow \frac{m}{h} = \frac{h}{n} \Longrightarrow \boxed{h^2 = m \cdot n} \quad (1)$$

$$CAB \sim COA \Longrightarrow \frac{b}{m} = \frac{a}{b} \Longrightarrow \boxed{b^2 = m \cdot a} \quad (2)$$

$$CAB \sim AOB \Longrightarrow \frac{c}{n} = \frac{a}{c} \Longrightarrow \boxed{c^2 = n \cdot a} \quad (2)$$

La expresión (1) se conoce con el nombre de **teorema de la altura** y establece que la altura trazada sobre la hipotenusa es media proporcional entre las proyecciones de los catetos.

Por su parte, las expresiones que aparecen en (2) constituyen el **teorema del cateto** y nos indican que cualquier cateto es media proporcional entre su proyección y la hipotenusa.

Sumando miembro a miembro las expresiones obtenidas en (2) tenemos:

$$b^2 + c^2 = m \cdot a + n \cdot a = (m + n) \cdot a = a \cdot a = a^2 \Longrightarrow \boxed{a^2 = b^2 + c^2}$$

que nos da el archiconocido **teorema de Pitágoras**. En términos puramente geométricos, afirma que el cuadrado construido sobre la hipotenusa de un triángulo rectángulo, tiene un área equivalente a la suma de las áreas que encierran los cuadrados levantados sobre los dos catetos.

$$\boxed{\text{Área (I)} = \text{Área (II)} + \text{Área (III)}}$$

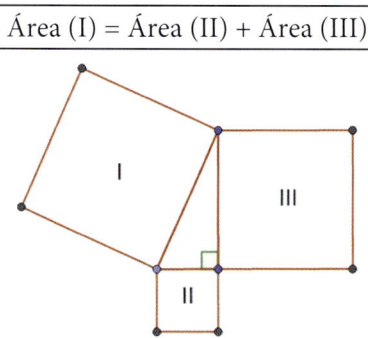

Ilustración 6: Interpretación geométrica del teorema de Pitágoras

as grandes filosofías de Oriente, que tienen entre sus máximos exponentes a Buda, Lao-Tse o Confucio, surgen entre los siglos V y VI a. C. Pitágoras (ca. 570 a. C- ca. 475 a. C.) será contemporáneo de ellos, y uno de sus aportes a las matemáticas es el hecho de establecer la demostración como medio irrefutable para conocer la verdad.

La escuela pitagórica se radicó en la ciudad de Crotona, perteneciente a la región italiana de Calabria al sur de la península itálica, en lo que fue la Magna Grecia. Su pensamiento filosófico proponía el orden en el universo, describiendo cualquier objeto en términos numéricos. Así, el punto se relacionaba con el uno, la recta con el dos, la superficie con el tres y el volumen con el cuatro. La suma de todos ellos, el diez o tetraktys, era un número especialmente destacado para los seguidores de Pitágoras.

Hasta el Medievo, los saberes exactos se agrupaban en el Quadrivium, que comprendía Aritmética, Geometría, Astronomía y Música. Esta reminiscencia hay que situarla precisamente en la escuela pitagórica, que preocupados por desentrañar los secretos del sonido, consiguieron estructurarlo al dividir una cuerda tensa o monocordio, en 12 partes iguales y observar qué particiones de ella producían notas agradables al oído. Así surgirán las relaciones 2:1, 4:3 o 3:2, que llamaremos proporciones musicales.

Pero sin duda alguna, el descubrimiento celebérrimo de Pitágoras es el teorema que lleva su nombre, a pesar de ser conocido mucho antes del nacimiento del sabio de Samos. En particular da lugar a una paradoja: los pitagóricos sostenían que cualquier cantidad puede expresarse como un número entero o a lo sumo como el cociente de dos de ellos (siempre que el denominador no sea nulo). Con el lenguaje actual, un pitagórico diría que todo número pertenece al conjunto de los racionales.

En cambio, la inocente diagonal de un cuadrado esconde al valor $\sqrt{2}$, que no es racional. Esta cruda realidad fue descubierta por Hipaso de Metaponto, fiel discípulo de Pitágoras, lo que supuso una hecatombe para la escuela pitagórica ya que la unidad numérica perdía sentido. El secretismo era una seña de identidad entre los seguidores del sabio de Samos y ante la posibilidad de que Hipaso diera a conocer este hallazgo, acabaron con la vida de tan destacado miembro tirándolo al agua para que se ahogase (Alsina, 2012, 70).

Acababan de nacer números que no eran racionales, y que en la actualidad llamamos irracionales. Tratando de aligerar la notación, denotemos por $\mathbb{Z}$ y $\mathbb{Q}$ al conjunto de los números enteros y racionales, respectivamente. Para probar que $\sqrt{2}$ es irracional, podemos elegir distintos caminos, si bien el expuesto tiene un origen platónico y se basa en la reducción al absurdo:

Supongamos para llegar a una contradicción, que $\sqrt{2}$ es un número racional. Entonces deben de existir dos cantidades $a, b \in \mathbb{Z}$ tales que $\sqrt{2} = \frac{a}{b}$. La elección de a y b es posible hacerla de manera que no contengan divisores comunes mayores que uno (pues en caso contrario, podríamos reducir la fracción y encontrar otra equivalente a ella de forma que el numerador y el denominador fuesen coprimos).

Elevando al cuadrado la expresión $\sqrt{2} = \frac{a}{b}$, tenemos:

$$2 = \frac{a^2}{b^2} \Rightarrow a^2 = 2b^2$$

Es decir, que a^2 debe ser un número par y necesariamente también debe ser par. Así existirá $k \in \mathbb{Z}$ de tal forma que $a = 2k$, por lo que

$$2 = \frac{a^2}{b^2} \Rightarrow 2 = \frac{(2k)^2}{b^2} \Rightarrow 2 = \frac{4k^2}{b^2} \Rightarrow b^2 = 2k^2$$

Razonando de forma análoga, b también debe ser un número par, de donde a y b comparten como factor al 2, lo que contradice la hipótesis de partida en la que suponíamos que a y b eran coprimos.

Con posterioridad al descubrimiento de la irracionalidad de $\sqrt{2}$, se probó un resultado más general, por el que la raíz cuadrada de cualquier número natural que no sea un cuadrado perfecto, es también un número irracional.

Si la construcción geométrica de $\sqrt{2}$, se puede hacer como la diagonal de un cuadrado de lado la unidad, sucesivamente podemos calcular la raíz cuadrada de cualquier número natural construyendo un rectángulo que tenga por diagonal la cantidad que queramos obtener, como muestra la figura adjunta:

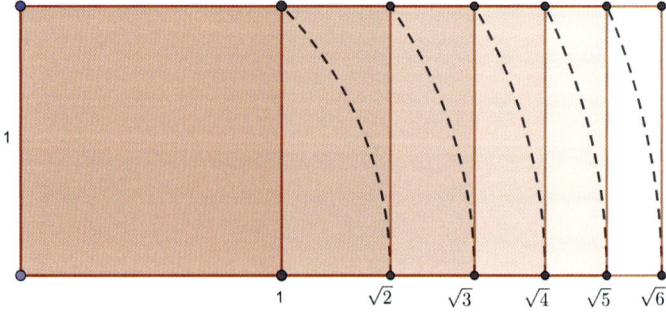

Ilustración 7: Construcción geométrica de los rectángulos dinámicos

Los rectángulos surgidos se llamarán dinámicos, apelativo que también se empleará al referirnos a las proporciones entre los lados.

El número de oro

Pero otra gran paradoja se cierne sobre los pitagóricos: el pentágono estrellado, o pentalfa, era el símbolo por el que secretamente se reconocían sus miembros (como la forma del pez hacía las veces entre los primeros cristianos).

En el pentágono regular se esconde otro número irracional del que hablaremos con profusión al referirnos a proporciones en la Catedral y se puede obtener como el cociente entre la diagonal del pentágono regular y su lado. En efecto, consideremos el pentágono regular de la figura adjunta, donde se han trazado tres de sus diagonales:

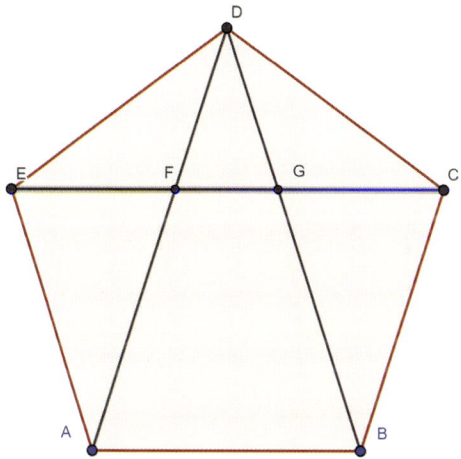

Ilustración 8: Pentágono regular

Denotando por d y l a la diagonal y al lado del pentágono, respectivamente, resulta que $\overline{EC} \parallel \overline{AB}$, y por lo tanto los triángulos ADB y FDG se hallan en posición de Tales, por lo que $ADB \sim FDG$. Pero además el cuadrilátero $AFCB$ es un paralelogramo, y por transitividad se trataría de un rombo, ya que los lados serían iguales. Esto es:

$$\overline{AF} = \overline{FC} = l$$

Pero

$$d = \overline{EC} = \overline{EF} + \overline{FG} + \overline{GC} = 2\,(d - l) + \overline{FG} \Rightarrow \overline{FG} = 2l - d$$

Al imponer la proporcionalidad existente entre los lados de los triángulos ADB y FDG, se tiene:

$$\frac{d}{d-l} = \frac{l}{2l-d} \Rightarrow \frac{d}{l} = \frac{d-l}{2l-d}$$

y dividiendo el numerador y el denominador del segundo miembro por l, obtenemos:

$$\frac{d}{l} = \frac{d/l - l/l}{2l/l - d/l} \Rightarrow \frac{d}{l} = \frac{d/l - 1}{2 - d/l} \Rightarrow 2\frac{d}{l} - \left(\frac{d}{l}\right)^2 = \frac{d}{l} - 1 \Rightarrow \left(\frac{d}{l}\right)^2 - \left(\frac{d}{l}\right) - 1 = 0$$

ecuación de segundo grado, cuyas soluciones vienen dadas por

$$\frac{d}{l} = \frac{1 \pm \sqrt{5}}{2}$$

Como $\frac{d}{l} > 0$, la razón entre la diagonal de un pentágono regular y su lado será:

$$\frac{d}{l} = \frac{1 + \sqrt{5}}{2}$$

Tendremos que dar un salto en el tiempo, concretamente hasta el s. III a.C. cuando Euclides de Alejandría vendría a recoger todo el conocimiento matemático del momento en sus *Elementos*. Se encuentran desarrollados a lo largo de 13 volúmenes en los que, partiendo de 5 postulados, desarrollará diferentes temáticas entre las que destacan las proporciones, el estudio de la geometría plana, así como los sólidos.

Aunque el libro V está dedicado en exclusiva a las proporciones, hay una que escinde de este volumen para tratarla de manera destacada en el libro VI. En la tercera de las definiciones, expone:

«Se dice que una recta ha sido cortada en extrema y media razón cuando la recta entera es al segmento mayor, como el segmento mayor es al segmento menor.»

En términos de segmentos, podemos reformular la definición: un segmento se encuentra dividido en **media y extrema razón**, cuando la longitud total es a la parte mayor, como la mayor es a la menor. Con mayor concisión el todo es a la parte, como la parte es a la parte menor.

Algebraicamente supongamos un segmento dividido en dos partes a y b, siendo $a > b$. La división en media y extrema razón se traduce algebraicamente en:

$$\frac{a+b}{a} = \frac{a}{b} \Rightarrow a^2 = b(a+b) \Rightarrow a^2-ba-b^2 = 0$$

Sus soluciones vendrán dadas por:

$$a = \frac{b\pm\sqrt{b^2+4b^2}}{2} = \frac{b\pm\sqrt{5b^2}}{2} = \frac{b\pm b\sqrt{5}}{2} \Rightarrow \frac{a}{b} = \frac{1\pm\sqrt{5}}{2}$$

Pero a, $b > 0$, con lo que necesariamente debe ser

$$\frac{a}{b} = \frac{1+\sqrt{5}}{2}$$

En el caso particular $b = 1$, la ecuación de segundo grado anterior puede ser expresada como $a^2-a-1=0$ (*) y tiene por soluciones $a = \frac{1\pm\sqrt{5}}{2}$.

Esta proporción, que también ha surgido en el pentágono regular, se llama **número de oro** (o bien áureo). En el s. XX el matemático norteamericano Mark Barr denotaría tal cantidad por la letra griega phi en honor a Fidias, arquitecto y escultor del Partenón de Atenas (Corbalán, 2010, 23). Esto motiva que al referirnos en lo sucesivo al número de oro lo notemos por.

$$\Phi = \frac{1+\sqrt{5}}{2} = 1{,}618033988749\ldots[7]$$

Pero no solo el número de oro tiene utilidad geométrica, sino que aritméticamente exhibe propiedades más que interesantes, entre las que destacamos aquellas que serán empleadas en los siguientes capítulos.

- Puesto que el producto de las soluciones de la ecuación (*) debe coincidir con su término independiente, este hecho nos conduce a una expresión para el inverso del número de oro:

$$\left(\frac{1+\sqrt{5}}{2}\right)\left(\frac{1-\sqrt{5}}{2}\right) = -1 \Rightarrow \Phi\left(\frac{1-\sqrt{5}}{2}\right) = -1 \Rightarrow \frac{1}{\Phi} = \frac{\sqrt{5}-1}{2}$$

- En (*) podemos poner $a^2=a+1$, luego el único número real y positivo cuyo cuadrado es una unidad superior, es Φ.

---

[7] El número de oro es irracional, y podemos probar tal naturaleza con la misma técnica basada en la reducción al absurdo que empleamos con $\sqrt{2}$.

Si $a^2 = a + 1 \Rightarrow a = 1 + \dfrac{1}{a} \Rightarrow \dfrac{1}{a} = a-1$. Es decir, que el inverso de Φ es una unidad menos, por lo que tiene las mismas infinitas cifras decimales, esto es:

$$\Phi = 1{,}61803\ldots \text{ y } \dfrac{1}{\Phi} = 0{,}61803\ldots$$

- Al obtener las potencias de Φ

$$\Phi^2 = \Phi + 1$$
$$\Phi^3 = \Phi \cdot \Phi^2 = \Phi\,(\Phi + 1) = \Phi^2 + \Phi$$
$$\Phi^4 = \Phi \cdot \Phi^3 = \Phi\,(\Phi^2 + \Phi) = \Phi^3 + \Phi^2$$
$$\ldots \ldots \ldots \ldots$$

Resulta que cada una de ellas es la suma de las dos potencias anteriores (hecho que podemos probar fácilmente por inducción) y que se traduce en:

$$\Phi^{n+2} = \Phi^{n+1} + \Phi^n, \forall n \geq 0$$

- Si en las expresiones anteriores, vamos en unas recogiendo la información que nos brindan las antecedentes, tenemos:

$$\Phi^2 = \Phi + 1$$
$$\Phi^3 = \Phi^2 + \Phi = (\Phi + 1) + \Phi = 2\Phi + 1$$
$$\Phi^4 = \Phi^3 + \Phi^2 = (2\Phi + 1) + (\Phi + 1) = 3\Phi + 2$$
$$\Phi^5 = \Phi^4 + \Phi^3 = (3\Phi + 2) + (2\Phi + 1) = 5\Phi + 3$$
$$\ldots \ldots \ldots \ldots$$

Sin quererlo, los coeficientes de Φ y los términos independientes que aparecen en el miembro de la derecha en las relaciones anteriores, son elementos de una sucesión de números $\{F_n\} = \{1,1,2,3,5,\ldots\}$ cuya relación con el número de oro, es muy estrecha. Dicha sucesión, llamada de Fibonacci, cumple que cada término es la suma de los dos anteriores y nos sirve para expresar:

$$\Phi^n = F_n \cdot \Phi + F_{n-1}, \forall n \geq 2$$

Pero si las proporciones dinámicas se podían obtener aplicando de manera sucesiva el teorema de Pitágoras, bien podemos preguntarnos ahora cómo se divide un segmento en media y extrema razón.

Para ello consideremos el segmento $\overline{AB}$ y construyamos un triángulo rectángulo sobre él, digamos ABC, de catetos $\overline{AB} = a$ y $\overline{BC} = a/2$. Trazamos un arco de circunferencia de centro el vértice C y radio $a/2$ que corta a la hipotenusa en el punto D. Haciendo ahora centro en el vértice A, dibujamos otro arco de circunferencia de radio $\overline{AD}$ que interseca al cateto $\overline{AB}$ en el punto Y. Afirmamos que $\frac{\overline{AY}}{\overline{YB}} = \Phi$. En efecto:

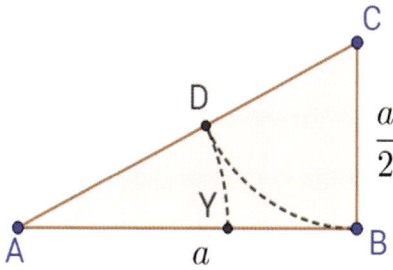

Ilustración 9: División áurea de un segmento

$$\overline{AC} = \sqrt{a^2 + \left(\frac{a}{2}\right)^2} = \sqrt{a^2 + \frac{a^2}{4}} = \sqrt{\frac{5a^2}{4}} = \frac{a}{2}\sqrt{5}$$

$$AD = AC - \frac{a}{2} = \frac{a}{2}\sqrt{5} - \frac{a}{2} = \frac{a}{2}\left(\sqrt{5} - 1\right) = \overline{AY}$$

$$\overline{YB} = \overline{AB} - \overline{AY} = a - \frac{a}{2}\left(\sqrt{5} - 1\right) = \frac{a}{2}\left(3 - \sqrt{5}\right)$$

Así:

$$\frac{\overline{AY}}{\overline{YB}} = \frac{\frac{a}{2}\left(\sqrt{5} - 1\right)}{\frac{a}{2}\left(3 - \sqrt{5}\right)} = \Phi$$

Especialmente tendrán interés en nuestro estudio, aquellos rectángulos cuya razón entre los lados sea el número de oro. Así diremos que un rectángulo es áureo, si la proporción entre el lado mayor y el menor es Φ.

Para la construcción de un rectángulo áureo, consideremos un cuadrado $ABCD$ de lado a y sea X, el punto medio del lado $\overline{AB}$. Haciendo centro en X y con radio $\overline{XC}$, trazamos un arco de circunferencia que cortará a la prolongación del lado $\overline{AB}$ en otro punto que denotamos por E.

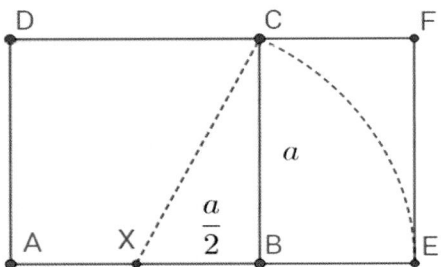

Ilustración 10: Construcción del rectángulo áureo

Si prolongamos el lado $\overline{DC}$ y por E trazamos una paralela al lado $\overline{CB}$, sea F la intersección de ambas rectas. Entonces el polígono $AEFD$, es un rectángulo áureo.

En efecto:

$$\overline{XC} = \sqrt{a^2 + \left(\frac{a}{2}\right)^2} = \sqrt{a^2 + \frac{a^2}{4}} = \sqrt{\frac{5a^2}{4}} = \frac{a}{2}\sqrt{5}$$

$$\overline{AE} = \overline{AX} + \overline{XE} = \overline{AX} + \overline{XC} = \frac{a}{2} + \frac{a}{2}\sqrt{5} = a\Phi$$

Y finalmente $\frac{\overline{AE}}{\overline{AD}} = \frac{a\Phi}{a} = \Phi$. Para la construcción geométrica del número de oro, basta considerar el caso $a = 1$, es decir que el cuadrado de partida tenga por lado la unidad, de lo que se deduce que $\overline{AE} = \Phi$.

El número de plata

Otra de las proporciones notables que encontramos en la Catedral, se obtiene de la relación existente entre el lado de un cuadrado y el octógono regular que podemos inscribir en el cuadrado.

Ciertamente, podemos encontrar diversas construcciones geométricas que nos permitan obtener un octógono regular, aunque nos decantamos por la llamada de *corte sagrado*[8] (Arroyo et al, 2011, 58). Para ello, partimos de un cuadrado, y desde cada uno de sus vértices, trazamos cuartos de circunferencias cuyo radio común sea la mitad de la diagonal del cua-

---

8   La cruz que surge de esta construcción, es conocida como cruz patada o cruz con patas. Algunas de sus variantes fueron usadas, entre otros, por los Caballeros de la Orden del Temple, los Hospitalarios e incluso como distinción militar del ejército alemán durante la Segunda Guerra Mundial.

drado. Las intersecciones de los arcos de circunferencias con los lados del cuadrado, nos proporcionan los vértices del octógono, como muestra la ilustración 11.

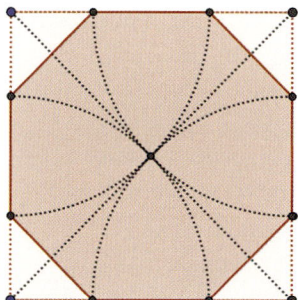

Ilustración 11: Construcción del octógono por corte sagrado

Puesto que por construcción, los triángulos que se generan sobre los vértices del cuadrado son rectángulos que poseen los mismos catetos, esto es isósceles, los ángulos agudos serán de 45° y por tanto sus complementarios, los del octógono, serán todos de 135°.

Pero no es suficiente con que el octógono tenga los mismos ángulos para que sea regular. Tendremos que comprobar también, cómo los ocho lados del polígono son todos iguales. Persiguiendo este objetivo, llamamos l al valor de los lados del octógono situado sobre el cuadrado. Su medida junto con la del cateto x del triángulo rectángulo isósceles, debe medir la mitad de la diagonal del cuadrado. Esto es:

$$l + x = \frac{1}{2}\sqrt{2\,(2\,x + l)^2} \Rightarrow 2\,(x + l) = \sqrt{2}\,(2x + l) \Rightarrow 2l + 2x = 2\sqrt{2}x + \sqrt{2}l \Rightarrow$$

$$\Rightarrow (2 - \sqrt{2}\,)l = (2\sqrt{2} - 2)x \Rightarrow l = \frac{(2\sqrt{2} - 2)}{2 - \sqrt{2}}\,x \Rightarrow l = \sqrt{2}x$$

Es decir, que el lado del octógono sobre el cuadrado mide lo mismo que la hipotenusa de los triángulos rectángulos isósceles, lo que demuestra que el octógono obtenido por corte sagrado, es en efecto un polígono regular.

Sean pues L y l los lados del cuadrado y del octógono, respectivamente. Veamos dos métodos distintos de relacionarlos:

- Primera forma: Empleando el teorema de Pitágoras.

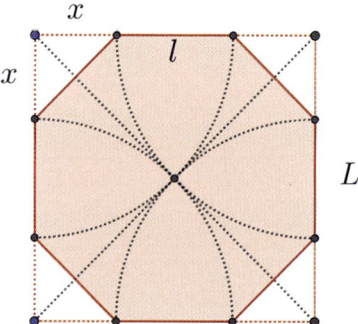

Ilustración 12: Demostración mediante el teorema de Pitágoras

Del teorema de Pitágoras y de la relación entre las tres medidas expuestas, se desprende el siguiente sistema de ecuaciones no lineales:

$$\begin{cases} l^2 = 2x^2 \\ L = 2x + l \end{cases}$$

Puesto que en la relación que buscamos no debe aparecer el valor de x, procedemos a eliminar esta variable. Para ello podemos despejarla de la segunda ecuación y sustituirla en la primera, obteniendo:

$$x = \frac{L - l}{2} \Rightarrow l^2 = 2\left(\frac{L - l}{2}\right)^2 \Rightarrow l^2 = \left[\frac{\sqrt{2}}{2}(L - l)\right]^2 \Rightarrow \frac{\sqrt{2}}{2}(L - l) = l \Rightarrow$$

$$\Rightarrow L = \frac{2l}{\sqrt{2}} + l \Rightarrow L = \frac{(\sqrt{2} + 2)}{\sqrt{2}}\, l \Rightarrow \boxed{L = (1 + \sqrt{2}\,)l}$$

• Segunda forma: Descomponiendo el cuadrado y comparando áreas.

Al inscribir el octógono en el cuadrado y empleando para los vértices las letras que recoge la ilustración 13, observamos que este se subdivide en cuatro cuadrados iguales al *ABCD*, cuatro rectángulos congruentes con *CDFE* y el cuadrado central *DFGH* que es distinto de los anteriores. Con la misma notación que hemos venido empleando hasta el momento, si denotamos por *S* al área del cuadrado, tenemos la siguiente descomposición:

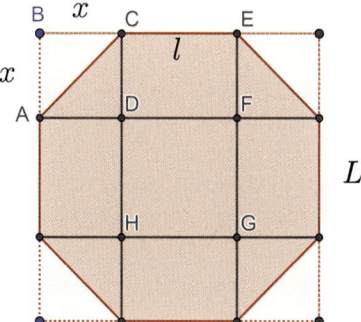

Ilustración 13: Demostración comparando áreas

$$S = L^2 = 4S_{ABCD} + 4S_{CDFE} + 4S_{DFGH}$$

Pero $l^2 = 2x^2 \Rightarrow x = \sqrt{\dfrac{l^2}{2}} = \dfrac{\sqrt{2}}{2} l.$

$$L^2 = 4x^2 + 4lx + l^2 \Rightarrow L^2 = 2l^2 + 4l\frac{\sqrt{2}}{2}l + l^2 \Rightarrow$$

$$\Rightarrow L^2 = 3l^2 + 2\sqrt{2}\,l^2 \Rightarrow \frac{L^2}{l^2} = 3 + 2\sqrt{2} \Rightarrow$$

$$\Rightarrow \frac{L^2}{l^2} = (1 + \sqrt{2})^2 \Rightarrow \boxed{\frac{L}{l} = 1 + \sqrt{2}}$$

Llamaremos **número de plata** al valor del irracional

$$\delta = 1 + \sqrt{2} = 2.4142135623\ldots$$

que determina la razón entre el lado de un cuadrado y el del octógono inscrito en él. Al igual que le ocurría al número de oro, el número de planta es también solución de una ecuación de segundo grado con coeficientes enteros. En efecto:

$$\delta = 1 + \sqrt{2} \Rightarrow (\delta - 1)^2 = (\sqrt{2})^2 \Rightarrow \delta^2 - 2\delta + 1 = 2 \Rightarrow \boxed{\delta^2 - 2\delta - 1 = 0}$$

De manera similar al estudio realizado con las propiedades que atañen al número de oro, el de plata también presentará un buen comportamiento algebraico. Así:

- Puesto que $\delta(\delta - 2) = 1 \Rightarrow \dfrac{1}{\delta} = \delta - 2$, se deduce que el inverso del número de plata es dos unidades inferior que él y por lo tanto poseen la misma colección de infinitas cifras decimales no periódicas, o lo que es lo mismo:

$$\frac{1}{\delta} = 0{,}4142135623\ldots$$

- Veamos qué ocurre con las potencias de δ:

$$\delta^2 = 2\delta + 1$$
$$\delta^3 = \delta \cdot \delta^2 = \delta(2\delta + 1) = 2\delta^2 + \delta$$
$$\delta^4 = \delta \cdot \delta^3 = \delta(2\delta^2 + \delta) = 2\delta^3 + \delta^2$$
$$\delta^5 = \delta \cdot \delta^4 = \delta(2\delta^3 + \delta^2) = 2\delta^4 + \delta^3$$
$$\ldots \ldots \ldots \ldots \ldots$$

Es decir, que cada potencia del número de plata es la suma del doble de la potencia anterior y la anterior a esta. Usando el lenguaje algebraico tenemos:

$$\delta^{n+2} = 2\delta^{n+1} + \delta^n, \forall n \geq 0$$

- De la misma forma, podemos calcular con comodidad potencias del número de plata, sin necesidad de tener que recurrir a las potencias anteriores. Para ello, bastará como cuando estudiamos el número de oro, con observar la recurrencia que presentan, e ir incorporando la información sobre cada una de las potencias anteriores en las siguientes. Así:

$$\delta^2 = 2\delta + 1$$
$$\delta^3 = \delta^2 \cdot \delta = (2\delta + 1)\delta = 2\delta^2 + \delta = 2(2\delta + 1) + \delta = 5\delta + 2$$
$$\delta^4 = \delta^3 \cdot \delta = (5\delta + 2)\delta = 5\delta^2 + 2\delta = 5(2\delta + 1) + 2\delta = 12\delta + 5$$
$$\delta^5 = \delta^4 \cdot \delta = (12\delta + 5)\delta = 12\delta^2 + 5\delta = 12(2\delta + 1) + 5\delta = 29\delta + 12$$
$$\ldots \ldots \ldots \ldots \ldots$$

Observamos que tanto el coeficiente de δ como el término independiente, son elementos de la sucesión $a_n = \{1, 2, 5, 12, 29, \ldots\}$ donde cada término, a partir del tercero, se obtiene como la suma del doble del anterior, más el anterior de este. Formalmente:

$$\begin{cases} a_1 = 1, \ a_2 = 2 \\ a_n = 2a_{n-1} + a_{n-2}, \ \forall n \geq 3 \end{cases}$$

Con lo que

$$\delta^n = a_n\delta + a_{n-1}, \forall n \geq 2$$

- Puesto que la expresión obtenida para la sucesión $\{a_n\}_{n\in\mathbb{N}}$ es por recurrencia de sus términos, al tratarla como ecuación en diferencias, poseerá la misma ecuación fundamental que el número de plata, es decir, $x^2 - 2x - 1 = 0$, cuyas soluciones deben cumplir que su producto sea -1. No serán ni más ni menos que δ y $\frac{-1}{\delta}$.

La ecuación en diferencias y por lo tanto $\{a_n\}_{n\in\mathbb{N}}$, tendrá por solución y término general, respectivamente, una expresión de la forma:

$$a_n = A\delta^n + B\left(\frac{-1}{\delta}\right)^n$$

donde los valores de A y B pueden obtenerse al imponer las condiciones iniciales, lo que nos conduce al sistema de ecuaciones lineales:

$$\left.\begin{array}{l} a_1 = 1 \Rightarrow A\delta + \frac{-1}{\delta}B = 1 \\[2mm] a_2 = 2 \Rightarrow A\delta^2 + B\left(\frac{-1}{\delta}\right)^2 = 2 \end{array}\right\}$$

cuya solución resulta ser $A = \frac{\delta}{2+2\delta}$ y $B = \frac{-\delta}{2+2\delta}$, por lo que el término general es:

$$\boxed{a_n = \frac{\delta}{2+2\delta}\left[\delta^n - \left(\frac{-1}{\delta}\right)^n\right], \forall n \in \mathbb{N}}$$

Al obtener la razón entre cada término y el anterior, observamos que el valor que aparece se acerca cada vez más al número de plata[9], es decir $\left\{\frac{a_{n+1}}{a_n}\right\} \to \delta$. En efecto:

---

9   Los razonamientos expuestos para demostrar la convergencia de esta sucesión al número de plata, también podrían haberse aplicado en la de Fibonacci para comprobar que la sucesión formada por las razones entre cada término y el anterior, converge al número de oro $\left\{\frac{F_{n+1}}{F_n}\right\} \to \Phi$.

$$\lim_{n\to\infty}\frac{a_{n+1}}{a_n}=\lim_{n\to\infty}\frac{\frac{\delta}{2+2\delta}\left[\delta^{n+1}-\left(\frac{-1}{\delta}\right)^{n+1}\right]}{\frac{\delta}{2+2\delta}\left[\delta^{n}-\left(\frac{-1}{\delta}\right)^{n}\right]}=$$

$$=\lim_{n\to\infty}\frac{\delta^{n+1}-\left(\frac{-1}{\delta}\right)^{n+1}}{\delta^{n}-\left(\frac{-1}{\delta}\right)^{n}}=\lim_{n\to\infty}\frac{\delta^{n+1}}{\delta^{n}}=\delta$$

Geométricamente, la construcción de un rectángulo de plata, es decir aquel cuyos lados tienen dicha razón, es muy sencilla. Basta con mirar el rectángulo que forman dos de los lados paralelos de cualquier octógono regular. Alternativamente, también podríamos adosar a un cuadrado un rectángulo dinámico $\sqrt{2}$.

Si el rectángulo de plata es más *alargado* que el áureo, no podemos perder la ocasión al relacionarlos ambos, para hablar del rectángulo cordobés. Los estudios realizados sobre el mihrab de la Mezquita de Córdoba (Corbalán, 2010, 61), con planta octogonal, que llevó a cabo el arquitecto Rafael de la Hoz Arderius (1924-2000) permitieron poner de manifiesto la relación entre el lado del octógono regular y el radio de la circunferencia circunscrita.

Denotando por r al valor del radio y con la notación habitual para los lados del cuadrado y el octógono, se tendría que:

$$r^2=\left(\frac{l}{2}\right)^2+\left(\frac{L}{2}\right)^2\Rightarrow r^2=\frac{1}{4}\left(l^2+L^2\right)\Rightarrow\frac{r^2}{l^2}=\frac{1}{4}\left(1+\frac{L^2}{l^2}\right)\Rightarrow\left(\frac{r}{l}\right)^2=\frac{1}{4}\left(1+\delta^2\right)\Rightarrow$$

$$\frac{r}{l}=\sqrt{\frac{1}{4}\left(1+\delta^2\right)}=\sqrt{\frac{2+2\delta}{4}}=\sqrt{\frac{1+\delta}{2}}\Rightarrow\boxed{\frac{r}{l}=\sqrt{\frac{2+\sqrt{2}}{2}}}$$

Y haciendo los cálculos podemos comprobar que $\frac{r}{l}$ = 1,30656296… lo que mostraría

$$\frac{r}{l}<\Phi<\delta$$

La proporción cordobesa, es una razón que pugna[10] con la áurea en Arquitectura, como bien recoge Rafael de la Hoz en el libro homónimo

---

10　Córdoba atesoraba durante la Edad Media el único ejemplar de *Los Elementos* de Eucli-des, por lo que la Diputación Provincial de Córdoba encargó a Rafael de la Hoz un estu-dio de la proporción áurea en la ciudad, observando este la inexistencia de la proporción divina en los edificios estudiados. En la misma línea, el arquitecto diseñó un cuestionario

y cuya presencia es bastante destacada en la ciudad de Córdoba. A pesar de los esfuerzos para identificarla en la Catedral de Almería, hasta ahora todos los intentos han sido infructuosos, quizá por el estilo constructivo *innovador* del s. XVI.

Números metálicos

Tanto el número de oro como el de plata, son las soluciones positivas de una adecuada ecuación de segundo grado. Puesto que los números irracionales pueden expresarse como fracciones continuas, abordemos este problema con sencilla solución en el caso de estas proporciones notables.

$$\Phi^2 - \Phi - 1 = 0 \Rightarrow \Phi^2 = \Phi + 1 \Rightarrow \Phi = 1 + \frac{1}{\Phi} \Rightarrow$$

$$\Rightarrow \boxed{\Phi = 1 + \cfrac{1}{1 + \cfrac{1}{1 + \cfrac{1}{1 + \cdots}}}}$$

$$\delta^2 - 2\delta - 1 = 0 \Rightarrow \delta^2 = 2\delta + 1 \Rightarrow \delta = 2 + \frac{1}{\delta} \Rightarrow$$

$$\Rightarrow \boxed{\delta = 2 + \cfrac{1}{2 + \cfrac{1}{2 + \cfrac{1}{2 + \cdots}}}}$$

Podemos usar una notación simplificada para la expresión de las fracciones continuas indicando que $\Phi = [\overline{1}]$ y $\delta = [\overline{2}]$, lo que conjuga el color del metal con la posición en el pódium de los ganadores en alguna prueba. ¿Habrá número para el tercer clasificado y medalla de bronce? En efecto, el metal citado también está contemplado y se tiene:

$$x^2 - 3x - 1 = 0 \Rightarrow x = 3 + \frac{1}{x} \Rightarrow \sigma_{Br} = 3 + \cfrac{1}{3 + \cfrac{1}{3 + \cfrac{1}{3 + \cdots}}} \Rightarrow \sigma_{Br} = [\overline{3}]$$

Hemos visto que tanto el número de oro como el de plata tienen unas propiedades con cierto parecido. Esta motivación nos permite gene-

---

en el que dados dos rectángulos («uno muy rechoncho y otro muy alargado») se le pedía al examinado que dibujara otro más armónico, y ninguno de los aspirantes esbozó un rectángulo áureo. En cambio, la mayoría los mostraba con una proporción muy cercana a 1,3 que se aproxima al rectángulo cordobés (De la Hoz, 1995, 68-71).

ralizar el concepto para dar cabida a otros números que, junto a los presentados, constituyen la familia de los números metálicos. Consideremos entonces una ecuación de segundo grado con coeficiente líder uno, donde varían el resto de coeficientes en el ámbito de los números enteros, es decir $x^2 - px - q = 0$, con $p, q \in \mathbb{Z}$, de la que nos interesará en exclusiva su solución positiva[11].

La siguiente tabla recoge de manera sucinta a los números metálicos más destacados, que pueden obtenerse sin más que cambiar los valores de los coeficientes de los términos grado menor que dos. Así, junto a los ya presentados en escena, surgirán el número de cobre y el de níquel:

Tabla 1: La familia de números metálicos

Número	P	q	Ecuación	Valor
Oro (Φ)	1	1	$x^2 - x - 1 = 0$	$\dfrac{1+\sqrt{5}}{2}$
Plata (δ)	2	1	$x^2 - 2x - 1 = 0$	$1+\sqrt{2}$
Bronce (σ_{Br})	3	1	$x^2 - 3x - 1 = 0$	$\dfrac{3+\sqrt{13}}{2}$
Cobre (σ_{Cu})	1	2	$x^2 - x - 2 = 0$	2
Níquel (σ_{Ni})	1	3	$x^2 - x - 3 = 0$	$\dfrac{1+\sqrt{13}}{2}$

Si nos fijamos en los números de oro, plata y bronce, todos surgen como solución de una de la ecuación de la forma $x^2 - px - 1 = 0$, con $p \in \mathbb{N}$. Veamos dos propiedades que han ido apareciendo hasta el momento y que no son producto de la casualidad, por lo que las formalizamos aquí de manera general.

Para aligerar la notación haciendo más ágil la escritura, denotemos la solución positiva de la ecuación $x^2 - px - 1 = 0$ por $\sigma_{p,1}$. Entonces

---

11   La ecuación tendrá soluciones reales si $\Delta = p^2 + 4q \geq 0$, relación que es cierta siempre que $q \geq 0$.

- Puesto que $x^2 - px - 1 = 0 \Rightarrow x = p + \dfrac{1}{x} \Rightarrow \sigma_{p,1} = p + \dfrac{1}{p + \dfrac{1}{p + \dfrac{1}{p + \cdots}}} \Rightarrow \sigma_{p,1} = [\overline{p}]$,

es decir, su desarrollo como fracción continua es periódico puro.

- La ecuación $x^2 - px - 1 = 0$ equivale a que $x(x-p)=1 \Rightarrow x = \dfrac{1}{x-p}$. En términos geométricos, esta relación indica que el rectángulo de lados 1 y $x-p$, está en proporción $\sigma_{p,1}$. Reformulando la afirmación, dado un rectángulo en proporción $\sigma_{p,1}$, al sustraer sobre el lado mayor p cuadrados iguales, cuyos lados sean la unidad, el rectángulo que resulta será semejante al de partida, por lo que sus lados seguirán estando en proporción $\sigma_{p,1}$.

3

Tratados de arquitectura.
Una medida de belleza estética

> Cuando estoy trabajando en un problema, nunca pienso en su
> belleza. Solo pienso en cómo resolver el problema. Pero cuando lo
> termino, si la solución no es bella, sé que está equivocada.
>
> RICHARD BUCKMINSTER FULLER (1895-1983)

Desde Vitruvio a Pacioli

Marco Vitruvio Polión fue un arquitecto e ingeniero militar romano que vivió durante el s. I a. C en el tránsito de la República al Imperio. Próximo tanto a Julio César como al emperador Octavio Augusto, su fama se vio acrecentada gracias a la faceta de escritor, mediante el tratado *De architectura* y que se conoce en la actualidad como *Los diez libros de arquitectura*.

Este compendio agrupa plurales cuestiones que debe tener en cuenta un arquitecto: desde la calidad del agua de una ciudad, a cómo deben erigirse los templos, los materiales constructivos más comunes, los tipos de edificaciones atendiendo a sus usos, etc. En los dos últimos libros, hace una incursión por la astronomía y esgrime técnicas de ingeniería dedicadas a la construcción de máquinas para el transporte, así como para la elevación del agua, y con la perspectiva del tiempo sin olvidarse de sus comienzos, aborda las de carácter bélico.

En el libro I, capítulo II, de su *Arquitectura*, recoge las tres condiciones que deben aunarse en una edificación pública, denominadas triada de Vitruvio:

«Tales construcciones deben lograr seguridad, utilidad y belleza. Se conseguirá la seguridad cuando los cimientos se hundan sólidamente y cuando se haga una cuidadosa elección de los materiales, sin restringir gastos. La utilidad se logra mediante la correcta disposición de las partes de un edificio de modo que no ocasionen ningún obstáculo, junto con una apropiada distribución —según sus propias características— orientadas del modo más conveniente.

Obtendremos la belleza cuando su aspecto sea agradable y esmerado, cuando una adecuada proporción de sus partes plasme la teoría de la simetría.»

Aunque la obra de Vitruvio nunca llegó a perderse, fue desempolvada en la Italia del s. xv de manera casual. El humanista florentino Poggio Bracciolini (1380-1459) que participaba en el Concilio de Constanza, dedicaba los ratos de descanso a la búsqueda de códices en las bibliotecas alpinas próximas y en 1416 en el monasterio de Saint-Gall descubrió, entre otros, *De architectura* de Vitruvio (Calatrava, 1991, 3).

El tratadista romano establece relaciones en las distintas localizaciones del cuerpo humano, y al igual que entre ellas hay una correspondencia con el todo, las partes de una edificación deben guardar una cierta proporción con el edificio. Simetría y proporción entraban a formar parte del humanismo, en tanto en cuanto Dios era desplazado por el hombre, que pasaba a ser el centro del universo.

El tratado de Vitruvio, circulará por la Italia del s. xv y dará pie al polímata y prototipo de hombre del Renacimiento Leon Battista Alberti (1404-1472) que al modo de Vitruvio, redactará en diez tomos su *De re aedificatoria* en 1452, aunque la publicación se retrasará hasta trece años después de fallecer, en 1485. Leon Battista, también expresará la belleza de las construcciones en términos de proporciones.

Pero la fama de Vitruvio en la actualidad, quizá se deba a las ilustraciones del florentino más universal, Leonardo da Vinci. Para contrastar esta afirmación, tenemos que hablar del fraile franciscano Luca Pacioli (ca. 1447-1517) que, entre otras contribuciones a la divulgación, popularizó el principio de la contabilidad con el sistema de partida doble (haber y debe) presente en cualquier balance económico.

Fray Luca entró en contacto con el reseñado Leon Battista, que era secretario personal del papa Paulo II, alrededor de 1471 en Roma, donde accede a la orden de frailes menores de san Francisco y en 1477 comenzará su andadura como profesor de Matemáticas en la Universidad de Perugia (Ciocci, 2017, 41-43).

A buen seguro las sinergias de Pacioli, no habían hecho más que comenzar. En efecto, en 1494 publica *Summa de arithmetica, geometria, proportioni et proportionalita*, que, con la misma aspiración de un libro de texto, recoge múltiples contenidos sobre matemáticas. Las encontramos aplicadas a la contabilidad, en aspectos que Fibonacci había expuesto en el *Liber Abaci*

(1202), en la geometría de Euclides, sin olvidar los aportes del genial matemático y paisano de fray Luca, Piero della Francesca (1415-1492).

De esta forma, Pacioli había reunido en un solo volumen, como salvando las distancias le ocurrió a Euclides con *Los elementos,* lo que antes se encontraba disperso en diferentes textos. Según Argante (2017, 103) «el libro de Pacioli constituía un punto de referencia imprescindible no sólo para los técnicos y mercaderes del Renacimiento, sino también para los matemáticos teóricos.»

La repercusión de *La Summa* de Pacioli, quizá se deba no sólo a la calidad del mismo, sino a que el fraile lo escribió en lenguaje vulgar, rehuyendo de esta manera del culto latín, así como a la utilización del novedoso invento de Gutenberg para realizar múltiples copias. Esta difusión hizo que uno de los ejemplares de *La Summa,* fuese a caer en las manos de Leonardo da Vinci, y superado el hándicap que le producía el latín, tenía en el texto de fray Luca la llave que abriría las puertas del templo de las matemáticas a un neófito en la materia.

El polifacético Da Vinci se encontraba a sueldo de Ludovico Sforza (1452-1508), que ostentaba la distinción de duque de Milán desde 1492. Pero a partir de 1480, ejercía como regente y motivado, entre otras, por las mejoras en la agricultura, aunque sin duda influenciado por la revolución cultural del momento, se estaba rodeando de una ilustre cohorte de sabios y doctos en materias dispares, convirtiendo a Milán en el otro foco de la cultura italiana. La producción pictórica de Da Vinci en su época bajo el mecenazgo de Ludovico, comprende algunas de sus mejores y más conocidas obras, como *La última cena* o *La Virgen de la Roca.*

Da Vinci sugirió a Ludovico que invitara a Pacioli a Milán, pues la transformación del ducado bien necesitaría de un eminente matemático. A Pacioli se le ofrece la primera cátedra de Matemáticas en Milán en 1496, aceptando el fraile el puesto y comenzando una frenética simbiosis entre el excelente pintor y el gran matemático, alcanzando la amistad (Blasco, 2019).

Da Vinci presentaba serias carencias en matemáticas, que fray Luca resolvía. Pero la mano zurda del genial florentino, ofrecía a Pacioli un lustrador egregio. Según Ciocci (2017, 69):

«En el fecundo intercambio cultural entre el artista y el matemático, los ámbitos en los cuales es más notorio el intercambio de competencias y habilidades recíprocas son dos: las lecciones sobre Euclides que el fraile de Sansepolcro imparte al pintor de Vinci y el dibujo de las tablas de poliedros que Leonardo realiza para Pacioli.»

La primera edición de *La divina proporción*, la terminará de escribir Pacioli en Milán el 14 de diciembre de 1498, y estará dedicada al duque Ludovico Sforza. Los devenires políticos, harán que tanto Leonardo como Pacioli, tengan que abandonar Milán, condicionando que la primera impresión del códice de fray Luca tenga que postergarse hasta 1509, durante su estancia en Venecia.

La divina proporción, recoge el ideal de belleza, relacionándolo con las partes del cuerpo humano, como en la antigüedad hiciese Vitruvio. El protagonista es el número de oro, y la proporción establecida por él, será definida como divina. Pacioli justifica el apelativo, mediante cinco afirmaciones (Bonell, 1999, 7):

i. «Ella es una y nada más que una y no es posible asignarle otras especies ni diferencias.

ii. Así como in divinis hay una misma sustancia entre tres personas, Padre, Hijo y Espíritu Santo, de la misma manera una misma proporción de esta suerte siempre se encontrará entre tres términos.

iii. Dios, propiamente, no se puede definir ni puede ser entendido por nosotros con palabras; de igual manera esta proporción no puede jamás determinarse con número inteligible ni expresarse con cantidad racional alguna, sino que siempre es oculta y secreta y los matemáticos la llaman irracional.

iv. Así como Dios jamás puede cambiar y es todo en todo, y está todo en todas partes, esta proporción es siempre la misma e invariable y de ninguna manera puede cambiarse.

v. Finalmente, así como Dios confiere al ser la virtud celeste, por ella a los cuatro elementos y a través de ellos a la naturaleza, esta proporción da el ser formal.»

Vitruvio expone en *De architectura* que el ombligo es el centro de la circunferencia donde se encuentra inscrito un hombre tumbado con los brazos y las piernas extendidos, y que la altura es igual que la envergadura, por lo que también podrá ese mismo modelo humano inscribirse erguido y con los brazos abiertos formando un cuadrado. Pero ¿cuál es el centro del cuadrado? ¿qué relación hay entre el cuadrado y el círculo?

La genial siniestra de Da Vinci, representará el ideal de belleza relatado por el tratadista de Sansepolcro, dando solución a las cuestiones anteriormente planteadas. Así el centro del cuadrado, lo ubicará en los genitales del hombre y el ombligo corresponderá al centro de la circunferencia, estando el lado del cuadrado y el radio del círculo, guardando la proporción áurea (Corbalán, 2010, 102).

Diego de Sagredo y Simón García

En cuanto a la arquitectura, el primer tratado publicado en lengua vernácula fuera de Italia, *Medidas del romano*, se lo debemos a Diego de Sagredo (ca. 1490-ca. 1528). El autor, que había tenido como protector nada menos que al Cardenal Cisneros, viaja a Italia y conoce las nuevas tendencias a la *antigua* plasmando las proporciones de los órdenes clásicos (dórico, jónico y corintio) completándolos con el toscano, así como el ático o también denominado compuesto.

Sagredo escribe las *Medidas del romano* como un diálogo entre personajes ficticios, en el que se describen las partes de las columnas o los frisos, estableciendo sus proporciones al más puro estilo de Vitruvio. Sirva como ejemplo la siguiente exposición de la cabeza humana:

> «El rostro del hombre se forma sobre un cuadrado dividido en tres partes iguales. Del primero se forma la frente. Del segundo la nariz. Del tercero la boca y la barba.»

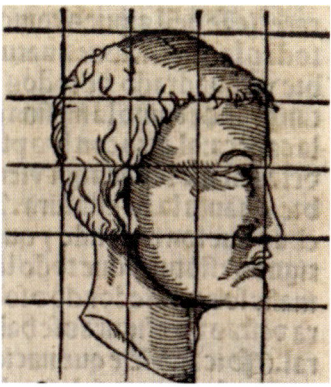

Ilustración 14: División del rostro humano, según Diego de Sagredo
(extraída de los fondos de la Biblioteca Nacional de España)

Es destacable reseñar cómo en las referencias de Sagredo, no aparecen otras proporciones que las musicales, siendo las más recurrentes 1/3 o 1/9. El rostro humano, desde el nacimiento del pelo, se equipara a la longitud de la mano, entendida desde el comienzo de la muñeca hasta el extremo del dedo corazón.

Las medidas antropomórficas de los elementos arquitectónicos, son más que palpables en la siguiente ilustración, al describir las partes de un entablamento y compararlas con la cabeza:

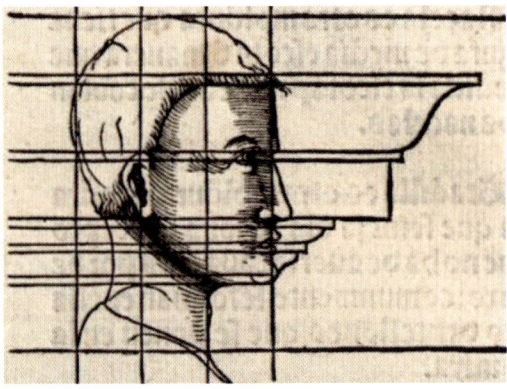

Ilustración 15: Comparación del rostro humano en arquitectura.
(extraída de los fondos de la Biblioteca Nacional de España).

Nuestro recorrido por los tratados que expresan la belleza traducida a la arquitectura, nos lleva inexorablemente hasta el s. XVII, para hablar del *Compendio de Arquitectura y Simetría de los Templos*. Fechado en 1681, fue redactado por Simón García (1649-1697) que participó en la construcción de la Catedral Nueva de Salamanca durante dieciocho años, ejerciendo como cantero.

Durante esa época, Simón García habría tenido acceso a distintos libros de arquitectura, entre los que destacaría el desaparecido manuscrito de Rodrigo Gil de Hontañón, uno de los mejores arquitectos del s. XVI (Moreno, 2017, 32), y que como ya hemos postulado, las trazas de la Catedral de Almería podrían haber surgido de sus manos.

Simón García no rehúye de Rodrigo Gil y pone en valor su trabajo cuando en la contraportada del *Compendio de Arquitectura y Simetría de los Templos,* reconoce:

«Los Autores que han concurrido con sus dichos, y doctrina, a la composiçion de este compendio, çitados Vnos de otros, Son los Siguit. Rodrigo Gil de Ontañon q. fue el que planto, y prosiguió la S.ᵗᵃ YGlesia de Salam.ᶜᵃ y de quien es mucha p.ᵗᵉ de este compendio como se berá en el capt. 12.»

Por su parte una lectura del folio 52r, ya en el capítulo 12, despeja cualquier duda razonable sobre la fuente principal en la que se apoya Simón García, al sostener:

«hordenola juo Gil de Ontañon, Y executola, Rodrigo Gil, su hijo (de quien es a lo mas de este compendio por aber venido a mis manos, vn manuscrito suio)…»

El manuscrito de Simón García, es básicamente una recopilación del que escribiera Rodrigo Gil de Hontañón, así como de *Arte y uso de Architectura* de fray Lorenzo de san Nicolás y *De varia commensuracion para la escultura y architectura* de Juan de Atarfe (Rupérez, 1998, 70). El apelativo de copista de Hontañón, nos sirve para seguir su pista mediante el análisis de la traza de un templo de tres naves recogido en los folios 12v y 13r, y cuya morfología en apariencia es similar a la de la Catedral almeriense:

1.ᵉʳ Paso:

«La siguiente planta muestra la forma que un templo de 3 naves adellebar, lo cual se hace formando un cuadrado perfecto de la anchura que queramos que tenga y a este tirarle sus dos diagonales como las lineas BD, muestran, y donde se cruzan en O.»

Partiremos de un cuadrado, cuyo lado será la anchura del templo, al que le trazamos sus dos diagonales. La notación de Simón García, atribuye a vértices diferentes la misma letra, lo que contribuye al error más que a clarificar. Para evitar esta dualidad, notaremos los vértices del cuadrado con las letras *A, B, C y D*, siendo entonces las diagonales $\overline{AC}$ y $\overline{BD}$, que concurrirán en el punto *O*, centro del cuadrado (véase ilustración 16).

2.º Paso:

«Ahora reparte la línea recta DB en 4 partes y la una echala desde D hacia B y llegará a C. Parte por mᵒ la línea BB, y será en A. Pues tira una línea des a asta C. Yallarás que se cruza en F.»

Esta es una de las partes más confusas. Entendemos que García divide el segmento $\overline{AO}$ por la mitad, siendo J el punto medio y tomando $\overline{AJ}$ como radio de la circunferencia de centro A, obtiene el corte con el lado $\overline{AD}$, que llamaremos F. Si G es el punto medio del segmento $\overline{DC}$, trazamos la recta $\overline{FG}$ que corta a la diagonal $\overline{BD}$ en el punto H.

3.er Paso:

«Pasa una línea paralela con la línea BAB, lo cual será LFFL. Pues baja una línea paralela de cada parte BLCD, las cuales serán HFG. Pues mira donde se cruza con la diagonal BD yallarás que en G. Pasa la otra línea de punto a punto como muestra y servirá del ancho del crucero.»

García calcula en este momento los vértices del cuadrado que albergará el crucero. Para ello, desde H trazamos una recta perpendicular y una paralela al lado $\overline{DC}$, que cortarán a la diagonal $\overline{AC}$ en los puntos E e I, respectivamente. Finalmente, el último vértice que notamos por K, lo podemos obtener trazando desde I una paralela a la recta $\overline{DA}$, con lo que el polígono $EHIK$ será el cuadrado que estamos buscando.

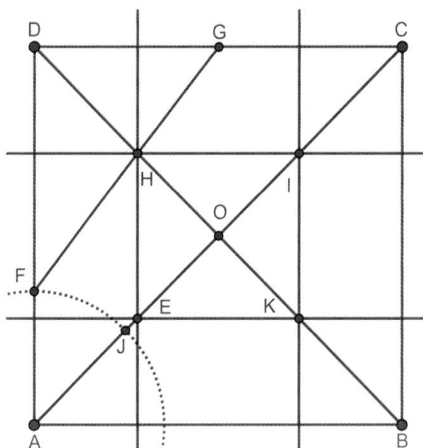

Ilustración 16: Tres primeros paso de la construcción

4.º Paso:

«Pues tira agora una línea desde el angulo B hasta el mº de la línea que tiene la señal O y mira donde se topa con la que viene desde BLCD y allaras que es en M, pues esto será el largo del templo que tendrá duplo.»

Siguen las imprecisiones del tratadista, ya que según muestra la ilustración 17, tendríamos que obtener el punto medio del lado $\overline{AB}$, digamos L, y trazar por él la recta que pasa también por el vértice C. La recta $\overline{LC}$ corta a la recta $\overline{DA}$ en el punto M, consiguiendo que el cuadrilátero $MNCD$ sea un rectángulo duplo, o en proporción 2:1.

Demostremos que efectivamente el rectángulo $MNCD$ es duplo. Para ello basta con observar que los triángulos rectángulos MNC y LBC están en posición de Tales, por lo que son semejantes y en particular sus lados proporcionales. Pero $\overline{CB} = 2\overline{BL}$, de donde se sigue que $\overline{CN} = 2\overline{MN}$.

5.º Paso:

«Su división tira una línea desde A adonde se cruza la línea BEM. Y hallarás que en P, pues tira de allí hasta A y topará en la línea DED que será R toma lo que ay de E asta R y allarás que tiene tres divisiones. La cual una llega asta S y de esa grandeza searan las capillas.»

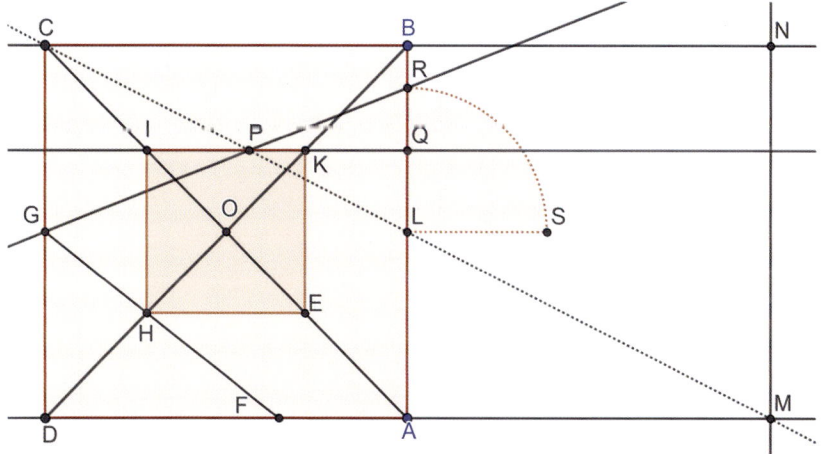

Ilustración 17: Cuarto y quinto paso de la construcción

Las inexactitudes de Simón García no han acabado, ya que de su dibujo se desprende que el punto P es la intersección de la recta $\overline{CM}$ con $\overline{IK}$. Se deduce entonces, que el ancho de las capillas vendrá establecido por la distancia $\overline{LR}$, siendo R el punto de corte entre las rectas $\overline{AB}$ y $\overline{GP}$.

Veamos un análisis detallado de las divisiones del cuadrado $ABCD$, así como las tres que deben darse en el otro cuadrado $ABNM$. Para ello denotemos por L al lado del cuadrado, y con el mismo ánimo de simplificar la notación $x = \overline{DT}$, $y = \overline{TG}$ como muestra la ilustración 18. Puesto que G es el punto medio del lado del cuadrado, se tiene $x + y = \frac{L}{2}$. Por otra parte, el segmento $\overline{DB}$ es la diagonal de cuadrado y también la bisectriz del ángulo $\widehat{ADC}$, por lo que un punto situado sobre ella, debe equidistar de los lados que conforman el ángulo y de manera particular debe cumplirse $\overline{TH} = \overline{HV} = x$.

El valor de la diagonal del cuadrado es $\overline{AC} = \sqrt{2}L$, con lo que $\overline{AF} = \frac{\sqrt{2}L}{4}$ de lo que se deduce como diferencia entre las longitudes de los segmentos $\overline{AD}$ y $\overline{AF}$ que:

$$\overline{AF} = L - \frac{\sqrt{2}L}{4} = \frac{(4 - \sqrt{2})L}{4}$$

Ahora bien $DGF \sim TGH$, pues están en posición de Tales, por lo que sus lados han de ser proporcionales, esto es:

$$\frac{\overline{TG}}{\overline{HT}} = \frac{\overline{DG}}{\overline{FD}} \Rightarrow \frac{y}{x} = \frac{\frac{L}{2}}{\frac{(4 - \sqrt{2})L}{4}} \Rightarrow \frac{y}{x} = \frac{4 + \sqrt{2}}{7}$$

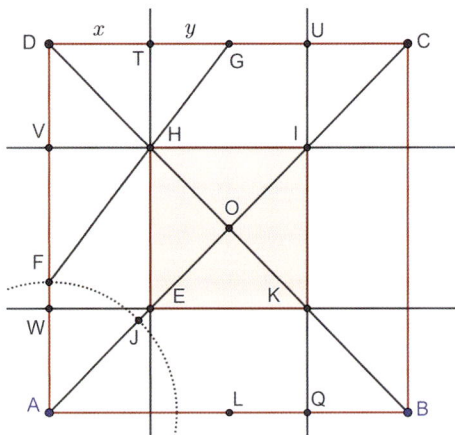

Ilustración 18: Análisis de la planta

Pero además la expresión $x + y = \frac{L}{2}$, nos permite averiguar el valor de x e y en función del lado L, sin más que dividirla sucesivamente por ellos, obteniendo:

$$\frac{x}{x}+\frac{y}{x}=\frac{L}{2x}\Rightarrow 1+\frac{4+\sqrt{2}}{7}=\frac{L}{2x}\Rightarrow x=\frac{L}{2\left(\frac{11+\sqrt{2}}{7}\right)}\Rightarrow x=\frac{11-\sqrt{2}}{34}L$$

$$\frac{x}{y}+\frac{y}{y}=\frac{L}{2y}\Rightarrow\frac{7}{4+\sqrt{2}}+1=\frac{L}{2y}\Rightarrow y=\frac{6+\sqrt{2}}{34}L$$

Finalmente, veamos qué ocurre con las divisiones en el cuadrado *ABCD*. Para ello y a la vista de la ilustración 19, debemos calcular el valor de la medida $\overline{LS}$. Tratando de aligerar la notación escribiremos $\overline{QR}=t$, con lo que:

$$\overline{LS}=\overline{LR}=\overline{LQ}+\overline{QR}=y+t$$

Recurriendo nuevamente a la semejanza, podemos observar en la ilustración 19 que los triángulos *LBC* y *LPQ* son semejantes, de donde:

$$\frac{\overline{CB}}{\overline{LB}}=\frac{\overline{PQ}}{\overline{LQ}}\Rightarrow\frac{L}{L/2}=\frac{\overline{PQ}}{y}\Rightarrow\overline{PQ}=2y$$

Así necesariamente $\overline{PU}=L-2y=2x$. Pero también son semejantes los triángulos *QPR* y *UPG*, pues ambos son rectángulos y tienen ángulos agudos opuestos por el vértice. De esta manera tendremos:

$$\frac{\overline{PQ}}{\overline{PU}}=\frac{\overline{QR}}{\overline{GU}}\Rightarrow\frac{2y}{2x}=\frac{t}{y}\Rightarrow t=\frac{y^2}{x}$$

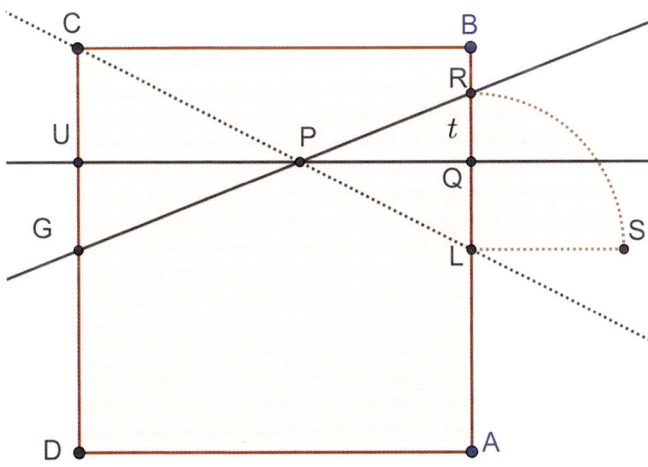

Ilustración 19: Análisis de la relación entre los espacios

De esta forma:

$$\overline{LR} = y + \frac{y^2}{x} = \frac{yx + y^2}{x} = \frac{y}{x}(x + y) = \frac{4 + \sqrt{2}}{7} \cdot \frac{L}{2}$$

El error de Simón García es palpable pues las tres divisiones del lado, como indica, no dan la media de partida. Realizando los cálculos:

$$3\overline{LR} = 3\frac{4 + \sqrt{2}}{7} \cdot \frac{L}{2} = \frac{12 + 3\sqrt{2}}{14} L > \frac{15}{14} L > L$$

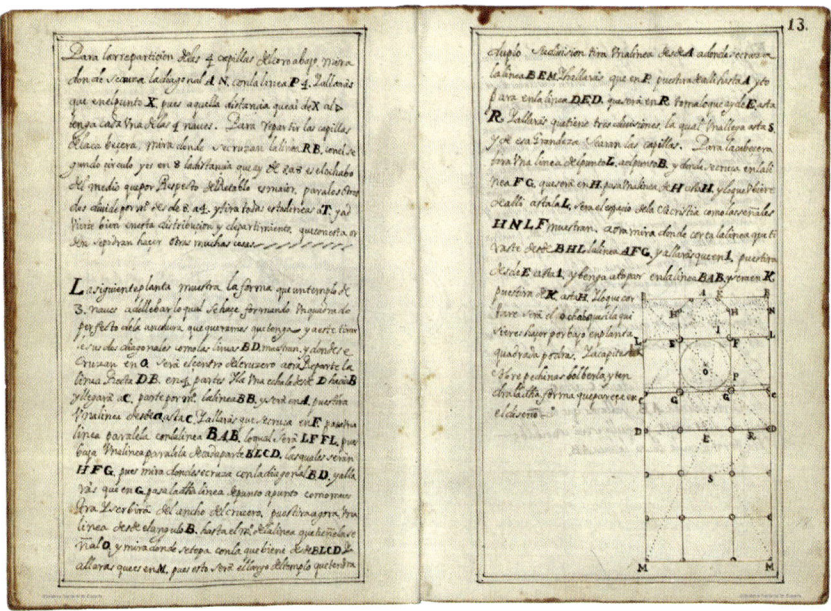

Ilustración 20: Folios 12v y 13r del tratado de Simón García, donde se describe la planta de un templo de tres naves (extraída de los fondos de la Biblioteca Nacional de España)

Dado que diversas fuentes (Gómez, 1998, 20-22; Hoag, 1985, 13-14; Sanabria, 1982, 281-293) atribuyen a Rodrigo Gil de Hontañón la autoría de los seis primeros capítulos del *Compendio*, podemos concluir de la contradicción anterior, que o bien Simón García copió erróneamente del manuscrito de Gil de Hontañón (cosa bastante probable por las equivocaciones tanto aritméticas como inclusive por las permutaciones en las letras) o que el texto de Hontañón contuviese tales errores. Al dedicarnos en el capítulo 5 a la planta de la Catedral de Almería, contrastaremos las medidas de los segmentos; así la razón entre el ancho del crucero y el correspondiente a las naves laterales, debe ser:

$$\frac{2y}{x} = 2 \cdot \frac{4 + \sqrt{2}}{7} = \frac{8 + \sqrt{8}}{7} = 1{,}546918160...$$

Dicho valor es un irracional cuadrático por lo que debe surgir, como les ocurre a los números metálicos, de una ecuación de segundo grado. Para averiguarla, denotemos por $\omega = \frac{8 + \sqrt{8}}{7}$. Tras aislar el radical y elevar al cuadrado los dos miembros de la ecuación, para que esta no tenga coeficientes irracionales, tenemos:

$$(7\omega - 8)^2 = (\sqrt{8})^2 \Rightarrow 49\omega^2 - 112\omega + 56 = 0 \Rightarrow 7\omega^2 - 16\omega + 8 = 0$$

Hemos conseguido una ecuación de segundo grado con coeficientes enteros que son coprimos, pero puesto que el coeficiente líder no es la unidad, concluimos que ω no es un número metálico, y por lo tanto, sus propiedades algebraicas no serán tan sorprendentes como las que cumplen esta familia de números. En particular, la obtención de las potencias de ω es un proceso arduo y que no revestirá mayor interés que el propio cálculo, ya que no serán un requerimiento en el posterior estudio ni de la planta ni del resto de proporciones.

Aun así, podemos hallar con comodidad su inverso, recurriendo a la ecuación de segundo grado

$$7\omega^2 - 16\omega + 8 = 0 \Rightarrow 8 = 16\omega - 7\omega^2 \Rightarrow 8 = \omega(16 - 7\omega) \Rightarrow$$

$$\Rightarrow \frac{8}{\omega} = (16 - 7\omega) \Rightarrow \boxed{\frac{1}{\omega} = 2 - \frac{7}{8}\omega}$$

Volviendo a la aritmética, pues el valor obtenido no se relaciona bien con ω:

$$\frac{1}{\omega} = 2 - \frac{7}{8} \cdot \frac{8 + \sqrt{8}}{7} = 2 - \frac{4 + \sqrt{2}}{4} \Rightarrow \boxed{\frac{1}{\omega} = \frac{4 - \sqrt{2}}{4}}$$

Vignola

Para cerrar el recorrido por los tratados de Arquitectura que daban sentido estético a las construcciones de la época, necesariamente tendremos que detenernos para hablar de las *Reglas de los cinco órdenes de Arquitectura* de Vignola.

Jacopo Barozzi (1507-1573) fue un pintor y arquitecto italiano, oriundo de la ciudad de Vignola (en la provincia de Módena) al que se le conoce universalmente por el nombre de su localidad natal. Ser discípulo de Miguel Ángel, a quien sucedió tras su fallecimiento en las obras de la Basílica de San Pedro, quizá sea una sobrada carta de presentación. Y es que, aunque como arquitecto llegó a ser la referencia de la acomodada familia de los Farnesio, y con posterioridad del papa Julio III, su figura se extendió de manera universal y hasta nuestros días[12] gracias a su labor divulgadora llevada a cabo mediante la *Regola*[13], de la que se han hecho más de doscientas ediciones en múltiples idiomas.

Las *Reglas de los cinco órdenes de Arquitectura* surgieron como fruto de la experiencia de Vignola en sus trabajos y de la lectura detenida de Vitruvio, a quien complementa en las medidas y especialmente en los basamentos e intercolumnios. La obra se publicó por primera vez en 1562 y rápidamente se popularizó por su eminente carácter práctico. La sencillez que muestra al expresar los contenidos y el aporte visual que realiza, hicieron que se convirtiera en el manual de Arquitectura por excelencia en su época.

Representados en bellas láminas, el italiano ilustra de manera asequible cómo establecer las proporciones de los órdenes constructivos que se usaron con profusión en el Renacimiento. Vignola recoge los tres órdenes clásicos griegos (dórico, jónico y corintio) y los complementa con los dos italianos (toscano y compuesto).

Puesto que se postula como un manual práctico, tratando de ser autocontenido y didáctico, Vignola aborda otras cuestiones por lo que podemos encontrar un pequeño resumen sobre geometría o problemas de dibujo, así como un extenso capítulo dedicado al estudio de las sombras, que tienen especial importancia cuando queremos visualizar los bocetos arquitectónicos con ayuda del dibujo técnico.

Al contemplar una de las múltiples copias que podamos encontrar de las *Reglas de los cinco órdenes de Arquitectura*, a pesar del tiempo transcurrido desde su publicación, resulta muy amigable, pues las explicaciones se

---

12   Una búsqueda en la base de datos de la Biblioteca Nacional de España, sitúa en 2002 una reedición del Vignola a cargo del Colegio territorial de arquitectos de Valencia.

13   Vignola publicó el texto en italiano, bajo la denominación de *La Regola delli cinque ordini d'architettura.*

realizan en los márgenes de los dibujos, indicando las proporciones entre las distintas partes.

Pero el gran éxito que universaliza la obra, es la introducción del concepto de *módulo*. Esta medida es inherente a cada estilo, de forma que dos módulos corresponden al diámetro de la columna medida en la parte más baja del fuste, esto es, el imoscapo. Equivalentemente, el módulo también equivale a la altura de la basa.

El hecho de distinguir entre el imoscapo y la parte superior del fuste o sumoscapo, se debe a la éntasis que se imprime en las columnas griegas, para mejorar su aspecto visual y evitar las deformaciones producidas por la visión cónica del ojo humano, al ser contempladas desde la lejanía. Gracias a esta sutileza constructiva, la sección del fuste no tiene radio constante y se suele engrosar en la parte central, con lo que imoscapo y sumoscapo, no suelen coincidir en tamaño.

Los submúltiplos o partes del módulo, se llamarán minutos, estando divididos los estilos toscano y dórico en 12, frente a los 18 que presentan los órdenes jónico, corintio y compuesto. La explicación de esta división no basada en el sistema decimal, se debe al número de divisores que poseen tales guarismos; mientras que el número 10 tiene 4 divisores, el 12 y el 18 presentan 6 divisores. Un mayor número de divisores permitió a Vignola exponer, en las medidas principales, hasta el más mínimo detalle de las columnas en base a un número entero. Por su parte, el empleo de dos números distintos, 12 y 18, como partes o submúltiplos, se debe a la esbeltez que presentan las columnas jónicas, corintias y compuestas frente a las más engrosadas formas que podemos contemplar en los órdenes toscano o dórico.

Ya que a priori los tres órdenes clásicos[14] y el toscano se encuentran presentes en las columnas ubicadas en ambas portadas, así como en dos de las capillas absidiales o en el Claustro, cuando hagamos un estudio pormenorizado de estas ubicaciones, la referencia inequívoca de sus partes y proporciones, será el texto de Vignola. Y es que, en este caso, quizá no estemos ante una ocasión dirigida por el azar, pues tanto Machuca como Vignola coincidieron en espacio y tiempo con Miguel Ángel en el primer cuarto del

---

14 Al tratar en el siguiente capítulo la Puerta de los Perdones, dilucidaremos la presencia de los distintos órdenes.

cinquecento italiano, y por extensión probablemente Juan de Orea se mimetizara con las corrientes italianas que aportó su suegro a la arquitectura española del s. XVI.

De una pormenorizada lectura de su obra se desprenden, entre otras medidas, las relaciones expuestas en las siguientes tablas en función del valor del módulo que denotaremos por m. Para facilitar los cálculos y emplear una expresión más común, se han añadido exprofeso dos columnas en las que se comparan las dos nomenclaturas inherentes a los distintos órdenes, asumiendo el riesgo de ser reiterativo.

Nótese la uniformidad existente entre las distintas partes, sea cual fuere el estilo arquitectónico empleado, de manera que el entablamento representaría la cuarta parte de la envergadura de la columna, mientras el pedestal vendría a suponer la tercera parte de la misma.

Orden dórico	Zona	Elemento	Nomenclatura Vignola	Nomenclatura actual
Total $\left(25+\frac{1}{3}\right)m$	Entablamento (4 m)	Cornisa	1 módulos y 6 partes	$1+\frac{1}{2}=\frac{3}{2}\,m$
		Friso	1 módulo y 6 partes	$1+\frac{1}{2}=\frac{3}{2}\,m$
		Arquitrabe	1 módulo	$1\,m$
	Columna (16 m)	Capitel	1 módulo	$1\,m$
		Fuste	14 módulos	$14\,m$
		Basa	1 módulo	$1\,m$
	Pedestal $\left(5+\frac{1}{3}\right)m$	Todos	5 módulos y 4 partes	$\frac{16}{3}\,m$

Tabla 1: Elementos del orden dórico según Vignola

Orden toscano	Zona	Elemento	Nomenclatura Vignola	Nomenclatura actual
Total $\left(22 + \frac{1}{6}\right) m$	Entablamento $\left(3 + \frac{1}{2}\right) m$	Cornisa	1 módulos y 4 partes	$1 + \frac{1}{3} = \frac{4}{3}\, m$
		Friso	1 módulo y 2 partes	$1 + \frac{1}{6} = \frac{7}{6}\, m$
		Arquitrabe	1 módulo	1 m
	Columna (14 *m*)	Capitel	1 módulo	1 m
		Fuste	12 módulos	12 m
		Basa	1 módulo	1 m
	Pedestal $\left(4 + \frac{2}{3}\right) m$	Todos	4 módulos y 8 partes	$4 + \frac{2}{3} = \frac{14}{3}\, m$

Tabla 2: Elementos del orden toscano según Vignola

Orden jónico	Zona	Elemento	Nomenclatura Vignola	Nomenclatura actual
Total $\left(28 + \frac{1}{2}\right) m$	Entablamento $\left(4 + \frac{1}{2}\right) m$	Cornisa	1 módulos y 13,5 partes	$1 + \frac{3}{4} = \frac{7}{4}\, m$
		Friso	1 módulo y 9 partes	$1 + \frac{1}{2} = \frac{3}{2}\, m$
		Arquitrabe	1 módulo y 4 partes	$1 + \frac{1}{4} = \frac{5}{4}\, m$
	Columna (18 *m*)	Capitel	15 partes	$\frac{15}{18} = \frac{5}{6}\, m$
		Fuste	16 módulos y 3 partes	$16 + \frac{1}{6} = \frac{97}{6}\, m$
		Basa	1 módulo	1 *m*
	Pedestal (6 *m*)	Todos	6 módulos	6 *m*

Tabla 3: Elementos del orden jónico según Vignola

Orden corintio	Zona	Elemento	Nomenclatura Vignola	Nomenclatura actual
Total $\left(31 + \frac{2}{3}\right) m$	Entablamento 5 m	Cornisa	2 módulos	2 m
		Friso	1 módulo y 9 partes	$1 + \frac{1}{2} = \frac{3}{2}\ m$
		Arquitrabe	1 módulo y 9 partes	$1 + \frac{1}{2} = \frac{3}{2}\ m$
	Columna 20 m	Capitel	2 módulos y 6 partes	$2 + \frac{1}{3} = \frac{7}{3}\ m$
		Fuste	16 módulos y 9 partes	$16 + \frac{2}{3} = \frac{50}{3}\ m$
		Basa	1 módulo	1 m
	Pedestal $\left(6 + \frac{2}{3}\right) m$	Todos	6 módulos y 12 partes	$6 + \frac{2}{3} = \frac{20}{3}\ m$

Tabla 4: Elementos del orden corintio según Vignola

4

Las portadas

Pedid, y se os dará; buscad, y hallaréis; llamad, y
se os abrirá. Porque todo el que pide, recibe; y el
que busca, halla; y al que llama, se le abrirá.

MATEO 7:7-8

La portada principal y la de los Perdones, situadas respectivamente en las fachadas norte y oeste, son obra de Juan de Orea y se materializan entre 1550 y 1573 (Lampérez, 1930, 179) aunque podríamos ser algo más precisos, si tenemos en cuenta la inscripción alojada en una cartela presente en la Puerta de los Perdones, y que la fecha en 1569. Con ellas se rompe la imagen robusta y desprovista de ornamentación de la fortaleza, estableciendo un enclave exterior acorde a los cánones arquitectónicos del momento, dando paso el gótico al importado Renacimiento de Italia.

Aunque encontramos claras diferencias entre ambas, no en cuanto a lo sustancial de la distribución de los espacios ni del simbolismo. Por alojarse en lados paralelos al crucero, de planta cuadrada, las dos tienen una anchura similar y se encuentran enmarcadas en un rectángulo duplo, siendo la altura el doble de la anchura del crucero. Las imposiciones estructurales hacen que se hallen flanqueadas por contrafuertes, atesorando la decoración más profusa que podamos encontrar en el exterior del templo, en armonía con los tres cuerpos en los que se encuentran divididas cada una de las dos fachadas.

El espacio inferior es un ensalzamiento del poder de la Iglesia, que se muestra triunfante tras el Concilio de Trento y haber conseguido instaurar de forma hegemónica la religión católica en toda la península ibérica, bajo el gobierno de unos fervorosos monarcas que enarbolaron el catolicismo en su sobrenombre. A modo de arco del triunfo romano, la figura del obispo Villalán es puesta en valor y su escudo campea sobre los dinteles de las puertas. Las dimensiones de este espacio, sugieren que tiene la misma anchura que altura, por lo que forma un cuadrado.

El rectángulo que ocupa el lugar central, está dedicado al simbolismo religioso y de forma particular a la Encarnación de la Virgen, que da nombre a la Catedral. Por último, y en el piso superior, encontramos el rectángulo ofrecido al monarca del momento, dando paso Carlos V en la portada principal a su hijo Felipe II, que le prediciría en el trono tras la abdicación del padre, y cuyo blasón se encuentra representado en la de los Perdones.

El ideal de belleza expresado desde la Antigua Grecia en términos matemáticos, como no podía ser de otra forma, gobierna de forma magistral [15]los espacios de las portadas. Y, como veremos, lo hará de manera reiterativa en armonía con una pluralidad adicional de figuras con proporciones notables, tanto dinámicas como musicales.

Pero para resaltar las cualidades de las proporciones y los elementos geométricos presentes en las portadas, es necesario un estudio pormenorizado. Analicemos entonces los recursos constructivos y decorativos subyacentes en cada una de ellas.

Portada norte o puerta de la Encarnación

Al observar las medidas de las alturas de los tres cuerpos, se aprecia que el central es media proporcional entre el inferior y el superior.

Tratando de hacer más ágil la notación empleada para las longitudes de los segmentos, consideremos $x = \overline{AD} = \overline{DC}$, $y = \overline{DI}$, $z = \overline{IF}$ tal y como muestra la ilustración 21, donde además $\overline{DI} + \overline{IF} = \overline{AD}$, o equivalentemente $x = y + z$. Hemos afirmado que $\frac{x}{y} = \frac{y}{z}$, de lo que inmediatamente se deduce

$$xz = y^2 \Rightarrow y^2 = (y+z)z \Rightarrow y^2 - yz - z^2 = 0$$

---

15 La descripción que realiza Fernando Chueca Goitia de las portadas, no deja impasible al lector por su desmesurado y rudo verbo: «*Recoge Orea temas de su maestro, columnas pareadas, altos estilóbatos, rebancos, grecas de postas, jarrones, etc., pero todo ello lo articula con falta de seguridad, amazacotándolo todo. Siendo su formación clásica más adventicia que otra cosa, descubre su falta de filosofía y, débil, se deja arrastrar por la fuerza del ambiente, volviendo a alargar sus columnas como en los tiempos del plateresco, a superponer elementos sin más lógica ni más intención que la de llenar un espacio y curarse del horror al vacío.*» (Chueca, 1953, 221)

Esta ecuación de segundo grado ya fue abordada y resuelta al hablar en el capítulo 2 del número de oro, por lo que recordamos en este momento que su solución positiva venía dada por la expresión $\frac{y}{z} = \Phi$. De la igualdad $\frac{x}{y} = \frac{y}{z}$ se deduce que también $\frac{x}{y} = \Phi$ y de este modo, hemos probado que las alturas de los tres espacios están en proporción áurea, con lo que el cuadrilátero *CDIJ*, es un rectángulo áureo.

Ilustración 21: Distribución de los espacios en la portada principal

Si observamos las razones de los lados, una pregunta que surge de forma natural es qué ocurre en el rectángulo *EFIJ*. Estudiando la razón de sus lados, se tiene:

$$\frac{\overline{IJ}}{\overline{IF}} = \frac{x}{z} = \frac{y+z}{z} = \frac{y}{z} + \frac{z}{z} = \Phi + 1 = \Phi^2$$

Y nuevamente vuelve a aparecer en escena el número de oro para cuantificar la relación entre sus lados, pudiendo expresarse las alturas de los espacios en función del lado *x* del cuadrado y del número Φ. De esta forma, las longitudes de los segmentos $\overline{AD}$, $\overline{DI}$ e $\overline{IF}$ se encuentran en progresión geométrica de razón $\frac{1}{\Phi}$, es decir:

$$\overline{AD} = x, \ \overline{DI} = \frac{x}{\Phi}, \ \overline{IF} = \frac{x}{\Phi^2}$$

Cuerpo inferior

Sirve para alojar la entrada principal al templo, y constituye por lo tanto el espacio que comunica el mundo desacralizado y profano, con la casa de Dios; un buen cristiano tiene asegurada la eternidad si se mantiene en el camino de la fe, al que se accede desde aquí

Ilustración 22: Cuerpo inferior de la portada principal

La abundancia y el triunfalismo, están presentes mediante alegorías encarnadas en el fruto del granado y las hojas de la palmera:

- La granada, además de haberse incorporado a la heráldica de los soberanos españoles tras la toma de la ciudad homónima, desde tiempos inmemoriales se asociaba a la abundancia y la fecundidad. En el cristianismo suele representarse al Niño Jesús sentado sobre la Virgen y con un fruto del granado en sus manos, como esperanza de la Resurrección que da paso a la vida eterna. Otra interpretación posible y no excluyente, es la escenificación de distintas comunidades o pueblos, los granos, sometidos a la unidad del poder al estar encerrados bajo una dura cáscara, de la que es difícil desprenderlos.
- Las hojas de palmera blanqueadas son exhibidas durante el sexto domingo de Cuaresma, el Domingo de Ramos, con el que comienza la Semana Santa. Esta fecha exalta la entrada triunfal de Jesucristo a la ciudad de Jerusalén, en la que fue aclamado por la multitud arrojando a sus pies ropas y ramas de árboles, simbolizados mediante las hojas de palmera.

Los contrafuertes exhiben sendos ángeles, que rompen la simetría axial de la portada. Mientras que el de la derecha muestra su cuerpo ligeramente tapado, acompañado a sus pies por un cánido y una cartela con la inscripción *ALANVS MET CONDIT*, el de la izquierda presenta en el suelo una armadura o cartela, si bien su estado de conservación no permite más que intuir el resto de elementos que lo acompañan. Las esculturas se encuentran descabezadas y el origen de la defenestración parece que no es atribuible a los daños causados por el sentimiento anticlerical en los albores de la guerra civil española, pues exteriormente el templo no sufrió daños reseñables (García, 1992, 231).

De un primer estudio del espacio dedicado a Villalán, se desprende la presencia de rectángulos áureos, raíz de cinco, raíz de dos y duplo marcados en la ilustración adjunta en color amarillo, verde, rojo y azul, respectivamente:

Ilustración 23: Rectángulos en el primer cuerpo

Sobre la puerta de acceso a la Catedral, se aloja un frontón rebajado y partido que acoge el escudo heráldico bajo capelo del obispo Villalán, con cuatro cuarteles. Flanqueando el conjunto, dos ángeles tenantes sostienen y alzan con sus manos las diez borlas con las que el clérigo se hacía representar. Esta singularidad será tratada de manera extensa en el último capítulo del libro, donde desgranaremos los pormenores que rodean a la distinción eclesiástica que se atribuye el obispo promotor de la erección de la Catedral, y que un lector impaciente puede consultar sin perder el hilo argumental del texto precedente.

Cierran de manera simétrica el conjunto sobre el frontón, sendas alegorías de jarrones conformados por granadas. El manierismo del espacio ensalza al verdadero impulsor de las obras, fray Diego, en las que ve representado su poder y autoridad.

Pero la concurrencia del rectángulo áureo en el rectángulo raíz de 5, determina las disposiciones figurativas del frontón erigido sobre la puerta. En efecto, adoptando la notación de la ilustración 24 podemos, recurriendo al álgebra más elemental, obtener las medidas de los segmentos:

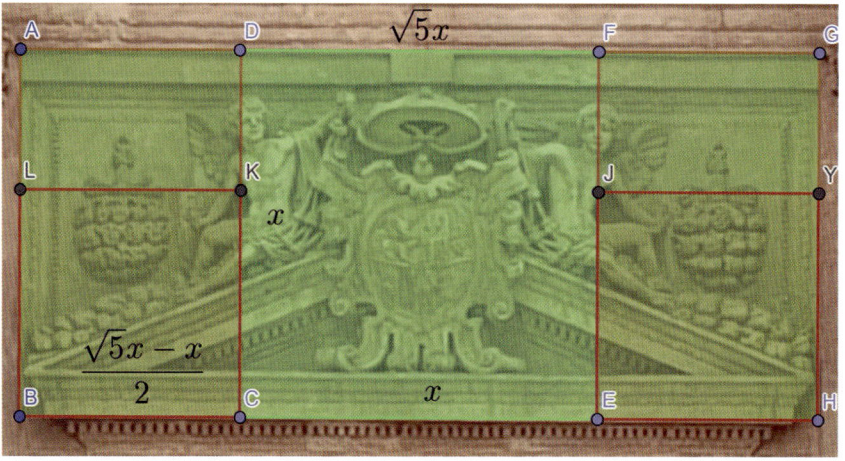

Ilustración 24: Descomposición del rectángulo raíz de cinco

El rectángulo *ABHG* es raíz de cinco, con lo que si $\overline{AB} = x$ necesariamente tiene que ser $\overline{BH} = \sqrt{5}x$. Construyendo en el centro de la composición el cuadrado *DCEF*, resultan dos rectángulos iguales *ABCD* y *FEHG*, de forma que:

$$\left.\begin{array}{c} \overline{BC} = \overline{EH} \\ \overline{BC} + \overline{CE} + \overline{EH} = \sqrt{5}x \end{array}\right\} \Rightarrow 2\overline{BC} + x = \sqrt{5}x \Rightarrow \overline{BC} = \overline{EH} = \frac{\sqrt{5}x - x}{2} = \frac{x}{\phi}$$

La razón de sus lados es:

$$\frac{\overline{AB}}{\overline{BC}} = \frac{x}{\frac{x}{\phi}} = \phi$$

La demostración anterior nos confirma que al construir en el centro del frontón un cuadrado cuyo lado sea la altura del rectángulo raíz de 5, los rectángulos adyacentes tienen proporciones áureas. En el friso que muestra la ilustración anterior, la zona dedicada a Villalán ocupa un cuadrado que termina sobre las axilas de los ángeles tenantes junto al escudo. Los rectángulos áureos acogen al resto de las figuras, así como a los jarrones de granadas, que se encuentran dentro de los cuadrados *LBCK* y *JEHY*.

Pero al sustraer[16] a un rectángulo áureo un cuadrado cuyo lado sea el menor de los dos del rectángulo, la figura resultante es de nuevo un rectángulo áureo. En efecto, en el rectángulo $ALKD$, la medida del lado menor es

$$\overline{AL} = \overline{AB} - \overline{LB} = x - \frac{x}{\phi} = \frac{(\phi - 1)x}{\phi} = \frac{\frac{1}{\phi}x}{\phi} = \frac{x}{\phi^2}$$

Con lo que

$$\frac{\overline{AD}}{\overline{AL}} = \frac{\overline{BC}}{\overline{AL}} = \frac{\frac{x}{\phi}}{\frac{x}{\phi^2}} = \phi$$

Al prestar atención a la puerta, comprobamos que se encuentra flanqueada por dos parejas de columnas corintias exentas del muro, con el característico fuste estriado y capiteles decorados con hojas de acanto y caulículos. A ellas dedicaremos los siguientes párrafos en la búsqueda de su origen y las proporciones que muestran.

Este espacio se completa, tras las columnas, con dos parejas de hornacinas vacías aveneradas en la parte superior y con querubines en la inferior, que también se alojan en la zona a la altura de los capiteles. Tondos y cuadros con cabezas humanas, dirigen su mirada al centro del conjunto arquitectónico.

Los pedestales que sustentan las columnas, se encuentran decorados con efebos alados que sostienen una palmera. Los bajorrelieves frontales muestran las figuras sentadas, en contraposición al movimiento imprimido por Juan de Orea en las que se encuentran en los laterales. La decoración de los pedestales, evoca un recurso similar al empleado por Pedro Machuca en la fachada oeste del palacio de Carlos V en la Alhambra, guardando ambos edificios en este sentido, un parecido más que razonable si salvamos la distancia de las temáticas empleadas, así como que en los de la Catedral de Almería se prescinde del uso de triglifos y metopas.

Bajo ellos, encontramos escocias y boceles, que han decorado los improvisados bancos que alojan a los visitantes en las horas centrales de los días estivales, alejándolos del rigor del sol. En una observación detenida, se aprecia la inscripción P V, acrónimo que hace alusión al mito de Hércules,

---

16   Es un caso particular de la segunda de las propiedades sobre los números metálicos, que abordamos en el capítulo 2, sin más que considerar en esta ocasión $p = 1$.

y que se repetirá en el espacio superior. A esta sutilidad nos referiremos de manera más extensa en la descripción de aquel cuerpo.

Pero la relación entre los rectángulos raíz de cinco y duplo con el número áureo es, como no podía ser de otra forma, muy estrecha. Para poner en valor esta afirmación, fijémonos en el pedestal sobre el que se yerguen las columnas.

Si denotamos como en la ilustración 25 a la longitud del segmento $\overline{HE} = x$, por ser el polígono *EFGH* un rectángulo duplo, debe ocurrir $\overline{HG} = 2x$, y puesto que los rectángulos que enmarcan *EFGH* tienen molduras con la misma anchura, sea esta y.

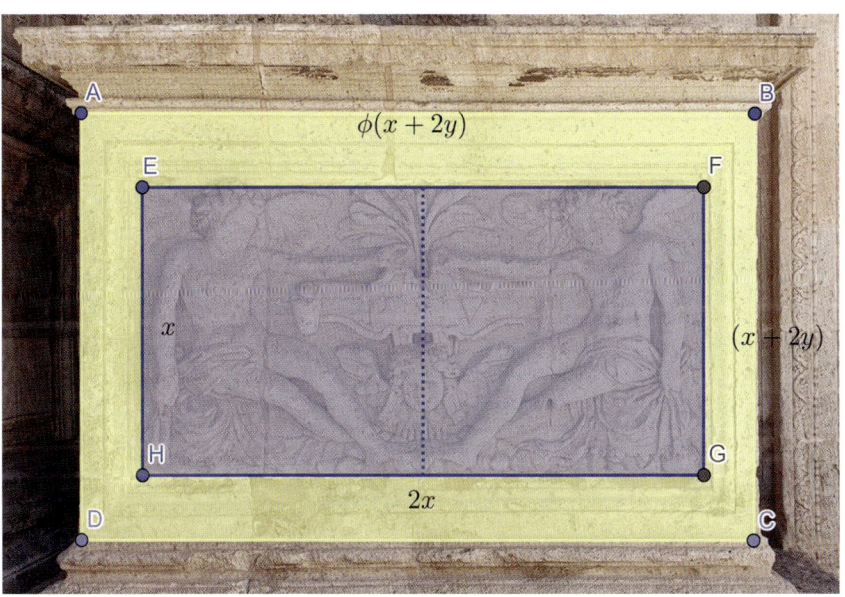

Ilustración 25: Estudio de los rectángulos que enmarcan los pedestales

Por otra parte, al detener nuestra atención sobre el valor de los lados del rectángulo áureo *ABCD*, estos deben medir $\overline{BC} = x + 2y$, $\overline{AB} = \phi(x + 2y)$. Comparando el área del rectángulo *ABCD* con su descomposición interior, tenemos:

$$(x + 2y) \cdot \phi(x + 2y) = x \cdot 2x + 4y^2 + 2xy + 2 \cdot 2xy \Rightarrow$$
$$\Rightarrow \phi(x + 2y)^2 = x^2 + 4y^2 + 4xy + x^2 + 2xy \Rightarrow$$

$$\rightarrow \phi(x + 2y)^2 = (x + 2y)^2 + x(x + 2y) \Rightarrow$$
$$\Rightarrow \phi(x + 2y) = (x + 2y) + x \Rightarrow$$
$$\Rightarrow (x + 2y)(\phi - 1) = x \Rightarrow$$
$$\Rightarrow (x + 2y) \cdot \frac{1}{\phi} = x \Rightarrow$$
$$\Rightarrow \frac{x + 2y}{x} = \phi$$

Es decir $\overline{BC} = \phi\overline{EH}$, con lo que las alturas de los rectángulos áureo y duplo están en proporción áurea.

Las columnas corintias son una evolución de las jónicas, que a su vez son más estilizadas que las dóricas. En el orden dórico, la envergadura de las columnas tiene un carácter antropomórfico masculino. Dado que el pie de un humano está contenido alrededor de seis veces en la altura, se tomó esta medida para su confección.

Por su parte, en las columnas jónicas que se pretendía fuesen más esbeltas, se usó un patrón femenino donde la relación es nueve veces la altura. Se las dota de basa, a modo de calzado y un capitel con volutas que evoca los rizos del pelo femenino. En la misma línea, se esculpen estrías[17] en el fuste, rememorando los pliegues de las túnicas que portaban como vestimenta las mujeres romanas. Se tomará como unidad de medida el diámetro de la columna en el imoscapo (8 medidas para el fuste, media para la basa y otra media para el capitel) (Calatrava, 1991, 98).

En la exposición que hace Vitruvio en *Los Diez Libros de Arquitectura* al referirse al orden corintio, que es el que nos ocupa en este espacio inferior, indica que las proporciones de las columnas son las mismas que en el orden jónico, a excepción del capitel. En relación a ellas, afirma:

«La altura del capitel jónico es una tercera parte del diámetro de la columna, mientras que la del capitel corintio es igual al diámetro del fuste de la columna.» (Calatrava, 1991, 96).

---

17 Vitruvio describe «*strias, uti stolarum rugas matronali more, demiserunt*» traduciendo Diego de Sagredo strias por estrías, siendo la primera vez que en lengua española aparece tal término (García, 1968)

Vitruvio también recoge el origen de la decoración con hojas de acanto y lo atribuye a una leyenda según la cual, al fallecer una muchacha de Corinto, la nodriza que la había criado depositó en su tumba un canasto de mimbre que contenía unos vasos muy apreciados por la chica y para protegerlos los cubrió con unas tejas. Bajo el canasto, se encontraban las raíces de un acanto y por el peso del presente, perdió sus hojas y tallos. Tras brotar nuevamente en la primavera siguiente, al renacer sus brotes a través del entramado del cesto, necesariamente tuvieron que curvarse, hecho que prendó al escultor Calímaco al pasar delante de la tumba y le sirvió como inspiración para la decoración que exhiben los capiteles del orden corintio (Calatrava, 1991, 96).

El paso del tiempo en los tratadistas de Arquitectura, supuso que las medidas en los órdenes clásicos sufrieran pequeñas variaciones. Así en *Medidas del Romano* Diego de Sagredo establece como unidad de medida no el pie, si no el rostro femenino que equivale a las dimensiones de la cintura. Considera que esta, en su parte más estrecha, es 1/10 de la altura, por lo que asigna a la columna corintia una envergadura de diez veces el diámetro del fuste medido nuevamente en el imoscapo.

La disparidad que encontramos en las proporciones y medidas, está en contraposición con la realidad subyacente en la seo almeriense. Por este motivo, se ha hecho necesario contrastar las fuentes, ya que no se adecúan a los tratados ni de Vitruvio ni de Diego de Sagredo.

En el diseño de las columnas, Juan de Orea se ajusta con bastante fidelidad a lo recogido por su coetáneo Jacopo Barozzi de Vignola (1507-1573) en las *Reglas de los cinco órdenes de arquitectura*, como podemos apreciar en la ilustración siguiente donde se han comparado las proporciones de los espacios con la medida de la basa o módulo.

Un elemento característico del orden corintio, son los fustes decorados con estrías, y las columnas de la Catedral poseen 24 de ellas con ángulos muertos (o separadas por listeles). Aunque es indudable que obra tan minuciosa solo puede salir de unas manos expertas, al menos desde el punto de vista geométrico, la construcción del polígono regular de 24 lados, se basa en un hecho tan elemental como la duplicación de otros. Concretamente del dodecágono, y este a su vez del sencillo hexágono, que como es conocido, es el único polígono regular en el que se cumple que el valor de su lado coincide con el radio de la circunferencia circunscrita al polígono.

Cornisa 2 m
Friso 10/9 m
Arquitrabe 3/2 m
Capitel 7/3 m

Fuste 50/3 m

Basa 1 m
Pedestal 20/3 m

Ilustración 26: Estudio de las columnas de la portada principal

Así la altura total de la construcción, sin incluir el friso, debería ser algo más de 31 veces el diámetro de la columna en el imoscapo, la columna el triple del pedestal y el entablamento la cuarta parte de la columna. En estas medidas *académicas* mostradas por Vignola, encontramos desviaciones en torno al 7 % en la cornisa, lo que se traduce en la relación del entablamento con la columna. Estas diferencias llegan al 9 % si nos referimos a la relación entre el pedestal y la columna, mientras que se ajustan perfectamente en el resto de elementos descritos.

Cerrando superiormente el conjunto, encontramos el entablamento y entre el arquitrabe y la cornisa, se halla el friso. A diferencia del orden corintio de la Grecia Clásica, durante el Renacimiento se tiende a decorarlo, por lo que, en sintonía con el estilo del momento, se reviste con entrelazados de guirnaldas floreadas.

Cuerpo medio

Consagrado a la Encarnación, acoge una imagen de la Virgen María sosteniendo en sus brazos al Niño Jesús. Esta escultura desproporcionada y sin una traza clara de sus formas, desentona con el conjunto, por lo que no es descabellado suponer que su ejecución es posterior a la erección de la portada principal.

El nicho donde se asienta la figura mariana, está circundado en su interior por casetones y en el perímetro exterior encontramos una guirnalda de hojas de laurel, que cierra el espacio en torno a un querubín. Este tipo de ángeles, suelen representarse mediante figuras con aspectos infantiles o juveniles, y tienen una misión protectora a la vez que ensalzan la gloria de Dios.

Al igual que le ocurre al espacio inferior, el rectángulo está flanqueado por sendas parejas de columnas también de orden corintio. Esta vez nos encontramos con pilastras, pues se encuentran adosadas al muro de la fachada, aunque siguen el mismo esquema y proporciones que las de la zona inferior.

El tratado de Vignola expuesto con anterioridad, nuevamente vuelve a ser la inspiración para las medidas, retomando como módulo la altura de la basa.

Ilustración 27: Cuerpo medio de la portada principal

A derecha e izquierda de los grupos de columnas se hallan, respectivamente, tondos marmóreos de san Pablo y san Pedro engarzados nuevamente en una corona con hojas de laurel. La representación de los apóstoles es la más habitual; mientras que san Pedro sostiene las llaves del cielo, san Pablo exhibe la espada con la que fue decapitado y que, además, según Efesios 6:17 *«la espada del Espíritu, que es la palabra de Dios.»*

Nótese cómo los elementos descritos están engalanados con laurel, cuyas coronas han servido desde la Antigua Grecia para ensalzar a los vencedores. En el caso que nos ocupa, la religión cristiana se ha impuesto a las otras dos existentes en la Península Ibérica: la judía y la islámica. La simbología se completa, de manera simétrica, con conjuntos de jarrones que atesoran la virtud y están decorados con mascarones y granadas. A esta altura, se reitera en el empleo de mascarones para decorar los contrafuertes.

Juan de Orea vuelve a repetir los recursos ya empleados en el cuerpo inferior. De esta manera, los rectángulos áureos, señalados en amarillo, son las proporciones elegidas para la hornacina de la Virgen, así como para enmarcar dos parejas de jarrones.

Los rectángulos raíz de dos marcados en color rojo, sirven como pedestal de las columnas corintias, mientras que el rectángulo raíz de cinco, sombreado en verde, ejerce como basamento de la hornacina. Finalmente, rectángulos duplos indicados en color azul, enmarcan los tondos de san Pablo y san Pedro.

Ilustración 28: Rectángulos en el cuerpo medio de la portada principal

Llegado a este punto, encontramos una seria diferencia entre el pedestal que acoge a las columnas de este cuerpo y el inferior. En este caso, se escoge el rectángulo raíz de dos, pues la pareja de columnas que nos ocupa, tiene menor entidad que las anteriores y la relación entre los lados cumple $\sqrt{2} \cong 1.41 < \phi \cong 1.62$.

Cuerpo superior

Ilustración 29: Cuerpo superior de la portada principal

Dedicado al primer monarca de la casa de Austria, el emperador Carlos V (1500-1558), está presidido en el centro por el escudo heráldico del soberano, sobre un frontón rebajado que recuerda al del piso inferior. El águila bicéfala del Sacro Imperio Romano-Germánico mira a oriente y occidente, y el collar de la Orden del Toisón de Oro se simplifica, con la piel del carnero a sus pies.

Flanqueando el escudo encontramos motivos simétricos, en los que se pueden apreciar jarrones y dos pilastras con la inscripción PLVS VLTRA. La mitología griega sitúa a Hércules realizando los doce trabajos impuestos por Eristeo cuando al llegar al décimo, arriba a las costas de Cádiz, extremo occidental de la tierra conocida. Hércules erige una pareja de columnas en este confín del mundo y asociadas a ellas se encuentra la frase latina *non plus ultra* (no más allá). Desde el descubrimiento de América en 1492, se refutó este hecho y fruto de ello es la modificación *más allá*.

Los contrafuertes están en este caso decorados con grutescos y culminan en sendos jarrones de gran tamaño. El límite superior del conjunto es rematado por un friso con motivos geométricos o greca.

Ilustración 30: Rectángulos en el espacio superior de la portada principal

Como era de esperar en relación al frontón, pues el que se aloja en este espacio tiene una aparente similitud con el que se ha estudiado en cuerpo inferior, se encuentra enmarcado en un rectángulo raíz de 5 y el escudo del emperador en un cuadrado, cuyo centro coincide con el punto donde las cabezas del águila bicéfala se encuentran. Los espacios ocupados por los jarrones son, como hemos demostrado anteriormente, rectángulos áureos en los que al sustraerles un cuadrado surgen nuevos rectángulos áureos, que albergan los pedestales de los jarrones.

Pero en las pilastras pareadas con la inscripción PLUS ULTRA, no deja el escultor nada al azar; vuelven a estar otra vez enmarcadas por los consabidos y reiterados rectángulos áureos.

Una visión más allá de Euclides, nos hace pensar en la forma de las alas del águila imperial. Su simetría nos puede conducir a una cónica y dados cinco puntos, es conocido que podemos determinar de cuál se trata. Llevando a término un estudio con GeoGebra, nos reduce la búsqueda a la elipse y el punto más alto de la corona que campea sobre el escudo heráldico, pertenecería a la citada cónica.

Siendo más meticulosos, podemos inclusive obtener, entre otros elementos, el centro de la cónica. Para ello, escogemos dos cuerdas paralelas $\overline{AC}$ y $\overline{BD}$, obteniendo sus puntos medios E y F, respectivamente. Al trazar por ellos la recta $\overline{EF}$ cortará a la elipse en los puntos H y G, siendo la recta $\overline{HG}$ un diámetro conjugado de la curva. Finalmente, el punto medio del segmento $\overline{HG}$, determina el centro X de la elipse.

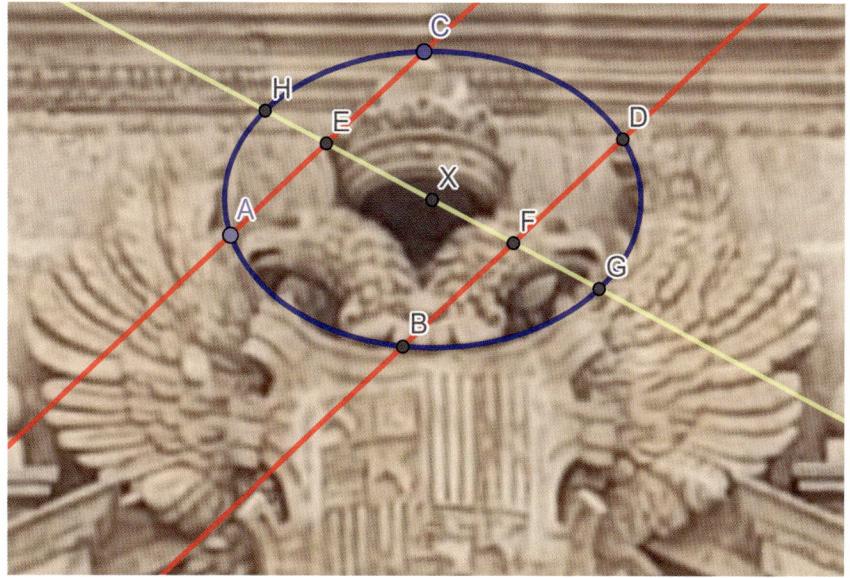

Ilustración 31: Estudio del escudo del emperador Carlos V

La posición del centro, muestra el equilibrio que aporta la cónica a la escultura, pero más allá de la estética, resulta cuando menos paradójico que la elipse se adapte de forma tan natural al conjunto, dotando de movimiento a las alas. La obligada pregunta es si Juan de Orea conocía la existencia de esta curva, por lo que parece lógico situarla en el tiempo haciendo un repaso histórico de la consabida cónica.

El origen de las secciones cónicas, se debe al matemático griego Menecmo (ca. 380-ca. 320 a. C.) quien en su búsqueda de la solución al problema de la *duplicación del cubo*[18], descubre la parábola, la elipse y la hipérbola (de una sola hoja) como las intersecciones de un plano con un cono.

El estudio de Apolonio de Perge (262-190 a. C) completó el de Menecmo, introduciendo el cono de doble hoja, que amplía las posibilidades de las cónicas, y cuyo conocimiento plasmó en su gran obra *Sobre las secciones cónicas,* que se extiende a través de ocho volúmenes y que le permitió, entre otros grandes avances, resolver la ecuación general de segundo grado.

---

18   Este es uno de los tres problemas de la Antigüedad, y consiste en la construcción con regla y compás de un cubo cuyo volumen sea el doble de otro dado.

El reconocimiento de la obra de Apolonio, está indisolublemente asociado a la geometría, siendo conocido como el *Gran geómetra*.

Hipatia de Alejandría (350-415) la primera mujer matemática de la que se tiene conocimiento razonablemente seguro y detallado, se hizo eco de los estudios de Apolonio y su legado más importante versa sobre tales curvas. En la genial película de Alejandro Amenábar, Ágora (2009), podemos ver distintas escenas donde la protagonista sostiene un cono en madera que contiene las secciones cónicas, y en un momento del largometraje construye una elipse por el método del jardinero, trazándola sobre arena.

El siguiente gran hito en las aplicaciones de las cónicas, es debido al matemático y astrónomo alemán Johannes Kepler (1571-1630). Kepler era un hombre profundamente religioso y pensaba que las órbitas de los planetas, debían seguir una curva tan armoniosa como la circunferencia. En cambio, la observación de la trayectoria de Marte que presenta gran excentricidad, le hizo desechar esta idea, y enunciar su Primera Ley (1609):

> Los planetas tienen movimientos elípticos alrededor del Sol, estando este situado en uno de los dos focos de la elipse.

Así, una curva olvidada en el tiempo que no mostraba ninguna utilidad a efectos prácticos, daba solución a la trayectoria seguida por los planetas. Pero en nuestro caso llama la atención que se adapte tan bien a la obra de Juan de Orea, y que fuese usada casi medio siglo antes de que Kepler la rescatase.

Portada oeste o puerta de los Perdones

No es la Catedral almeriense un caso único de templo que posea tal denominación para alguno de sus accesos, pues un recorrido por el territorio español que nos lleve entre otras localizaciones a Granada, Jaén, Sevilla, Toledo o Burgos, nos permitirá encontrar diferentes puertas de los perdones o del perdón. Especial renombre tiene la puerta homónima de la Catedral de Santiago de Compostela, aunque actualmente sea más conocida como puerta Santa, que se abre al público el día 31 de diciembre, antesala de un año santo compostelano.

El origen del nombre, suele asociarse a la indulgencia otorgada a los fieles tras ciertas ceremonias como peregrinaciones o romerías, que concluían su andadura accediendo a la Catedral a través de este acceso. La puerta de los Perdones del templo almeriense, servía para el paso de las carrozas procesionales durante la Semana Santa, hasta que en las postrimerías del s. xix y durante el obispado de Santos Zárate y Martínez (1830-1906) se plantea su remodelación, sustituyendo la rampa de acceso por los actuales escalones, dotándola además de los muros y las verjas que podemos contemplar en la actualidad.

La obra estuvo a cargo del arquitecto de la Diputación Provincial de Almería, Enrique López Rull (1846-1928) y se retrasó hasta 1905, por la férrea oposición que sostuvo el deán Rojas a la eliminación de la rampa que permitía la entrada al templo (López, 1999, 1045). Tras los efectos de este trabajo, se plantean ligeras diferencias en el nivel de la rasante respecto de la puerta principal, lo que nos puede llevar a suponer que el planteamiento de López Rull provocase una ligera elevación del suelo exterior.

El rectángulo doble donde se encuentra inscrita la portada, sobresale del muro perimetral para albergar un ventanal circular que aporta, junto a la linterna, la necesaria luz solar en las horas vespertinas. La disposición de los espacios y las proporciones de los mismos, cercenarían la entrada de la claridad si este se encontrase en el mismo plano que el resto de elementos decorativos de la portada. Por el contrario, si se hubiese elegido un gran rosetón para tal fin, dada la altura de las naves, la terna simbológica de la portada norte habría tenido un exiguo espacio en la puerta de los Perdones, representando además el talón de Aquiles como fortaleza.

El coste de oportunidad viene a cargo del espacio dedicado al monarca Felipe II, representado en exclusiva por su escudo heráldico ocupando el tercer espacio y una cartela en el contrafuerte derecho, con la inscripción REGNANTE PHILIPO. En cambio, el artífice e impulsor de la obra, Villalán, no sale tan mal parado, pues a él nuevamente se dedica el espacio inferior y la cartela izquierda, sobre la que se esculpe ALANVS QVARTUS 1569, haciendo referencia al topónimo de Villalán, cuarto obispo de la seo de Almería y el año de las obras de la portada. Nótese cómo la memoria histórica y la estela de fray Diego, le hacen justicia en su gran apuesta constructiva, a pesar de haber fallecido en 1556.

Cuerpo inferior

Aloja la puerta de entrada oeste[19], sobre la que se halla un frontón circular, sustentado a los lados por sendas ménsulas, y que alberga en su interior

---

19   La fachada opuesta a la cabecera de un templo, también se denomina imafronte.

la imagen de un querubín. El escudo del obispo Villalán vuelve a situarse sobre el frontón, pero esta vez con una simplificación a un solo cuartel con los ya recurrentes perros alanos, frente a los cuatro cuarteles que pueden observarse en la fachada norte. No obstante, tampoco pasan desapercibidos elementos ineludibles en el clero como el capelo o las diez borlas a cada lado, esgrimiendo el cargo eclesiástico.

A los lados de la puerta y de manera simétrica, se encuentran sendas parejas de columnas adosadas o pilastras, cuyo fuste es estriado y presenta aristas vivas. Juan de Orea rehúye del clasicismo de las hojas de acanto para la decoración del capitel, que son sustituidas por flores, lo que junto al adosamiento de las columnas, constituyen buenos ejemplos que escapan del manierismo en la Catedral. La simplificación de los elementos decorativos, en contraposición a la portada principal, cercena su presencia en los intercolumnios y los plintos o pedestales de las columnas.

El entablamento también sufre variaciones, dando paso a triglifos con seis gotas y metopas circulares, a los que también había recurrido Pedro Machuca en la columnata del primer piso que circunda el patio del palacio de Carlos V en la Alhambra, aunque su fuste no sea en esta ocasión acanalado.

Si en la zona del friso situado sobre la puerta las metopas son tangentes a los triglifos, distribuyéndose por lo tanto el espacio entre ellos en un cuadrado, al observar sus duales sobre las columnas comprobamos que forman un rectángulo, y se origina al tener que repartir dicho espacio entre el ancho destinado a las columnas. No es esta la manera más usual, pues se suelen establecer en la mitad de los intercolumnios, al igual que sobre cada columna, un triglifo. Pero la obra de Juan de Orea se topa con un espacio en el que no se puede resolver de esta forma la composición, pues sería imposible albergar dos metopas y un triglifo de las mismas dimensiones que los anteriores en el intercolumnio.

El recurso del capitel decorado, puede conducirnos a una catalogación errónea del orden empleado en las columnas. Para discernir entre el toscano o el dórico, podemos optar por el estudio de las proporciones subyacentes en las partes que componen el conjunto.

Recurriendo nuevamente a Vignola, resulta que el módulo o radio del fuste en el imoscapo, está contenido 14 veces en la columna, lo que apunta directamente al orden toscano[20], a pesar de la frugal decoración floral del capitel que no debemos confundir con el corintio.

A la vista de la ilustración siguiente y del análisis anterior, podemos comprobar cómo se pueden superponer siete circunferencias cuyo diámetro, como viene siendo habitual, se ha medido en el imoscapo, siendo la envergadura de la columna cuatro veces la altura del entablamento.

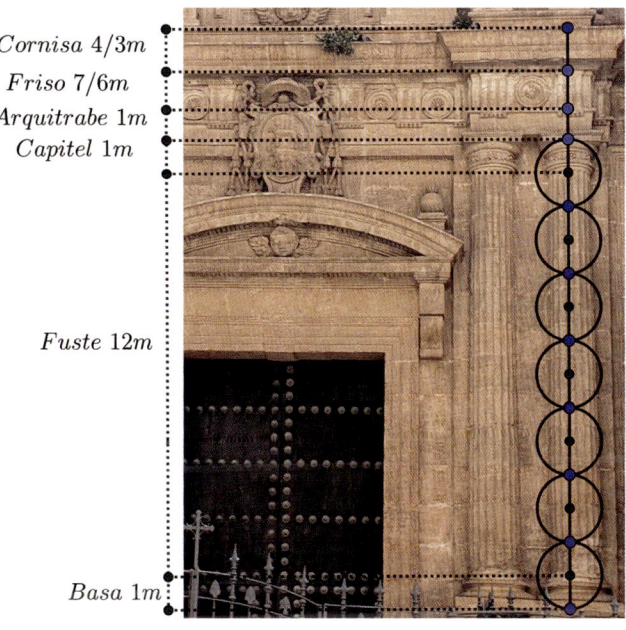

Cornisa 4/3m
Friso 7/6m
Arquitrabe 1m
Capitel 1m

Fuste 12m

Basa 1m

Ilustración 32: Estudio de las columnas toscanas de la puerta de los Perdones.

El estudio del pedestal de las columnas, concluye que no se ajusta al orden toscano, y se repiten las proporciones de la portada principal. Así el rectángulo *LMJK* que corresponde al pedestal sobre el que se yerguen las columnas y que aparece en la ilustración 33 de color amarillo, es áureo.

---

20 En el orden dórico la basa, el fuste y el capitel representan 16 módulos, por lo que se podrían inscribir ocho circunferencias de radio la altura de la basa, en vez de las siete que presentan las columnas, lo que aclara finalmente que pertenecen al orden toscano, el mismo al que recurre Machuca para el piso inferior del palacio de Carlos V en la Alhambra de Granada.

Tratando de encontrar similitudes con la portada principal, nuevamente deducimos que el rectángulo áureo *CDEF* que enmarca la puerta y que en la ilustración siguiente también aparece sombreado en color amarillo, guarda proporciones áureas. Pero al trazar sus diagonales, que vienen a cortarse en el punto *G*, observamos que pasan por los extremos del frontón curvo. Veamos que en efecto *G* es el centro de la circunferencia que describe tal arco y que pasa por los puntos *I, N* y *H*:

Puesto que los segmentos $\overline{DC}$ y $\overline{HI}$ son paralelos, los triángulos *DCG* e *IHG* están en posición de Tales. Pero el triángulo *DCG* es isósceles, pues las diagonales de un rectángulo se cortan en su punto medio, por lo que la igualdad $\overline{GC} = \overline{GD}$ nos conduce a $\overline{GH} = \overline{GI}$, siendo esta medida común el radio del arco de circunferencia que describe el frontón y *G* el centro de la misma.

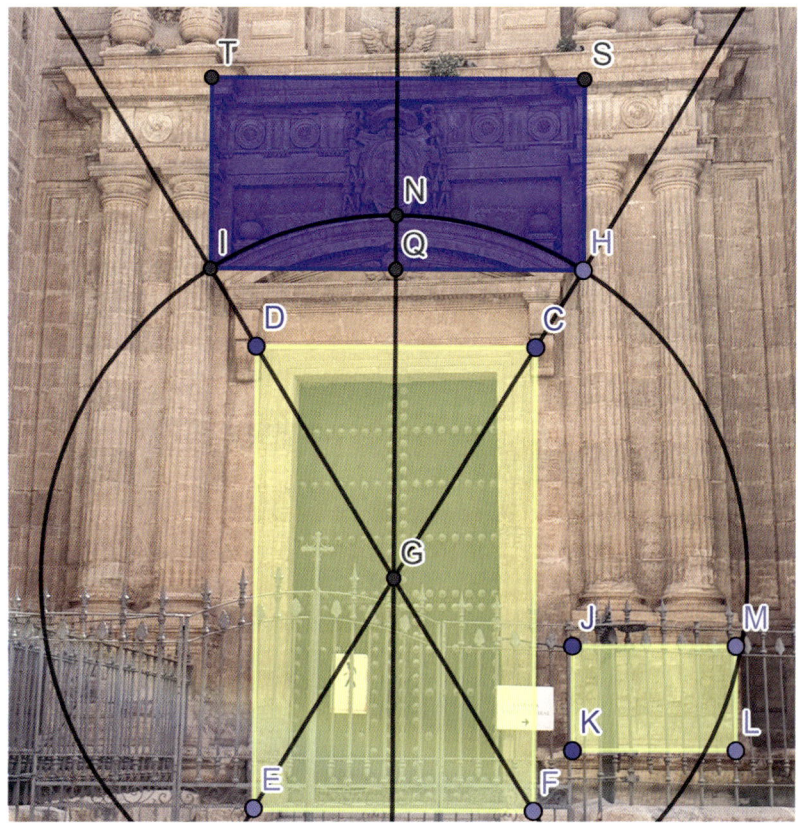

Ilustración 33: Estudio del espacio inferior de la puerta de los Perdones

La posición del querubín inscrito en el frontón, puede referenciarse como la intersección de la recta $\overline{HI}$ con la perpendicular trazada por G, obteniendo así que la figura se halla en el punto Q.

Para terminar el análisis del cuerpo inferior, podemos contemplar cómo el espacio dedicado a Villalán y su escudo heráldico, se encuentra alojado en el rectángulo $TSHI$, marcado en azul, y presenta una base que supone el doble que su altura, por lo que nuevamente Juan de Orea recurre a estas proporciones en la portada oeste.

Cuerpo medio

Como muestra la ilustración 34, la hornacina avenerada que preside el espacio central, se encuentra vacía, aunque no es disparatado suponer que contuviese en algún momento una imagen religiosa, por lo que en consonancia con la portada principal, el espacio estuviera dedicado a la Virgen.

Limitando el espacio superior e inferior de la hornacina, encontramos sendos querubines[21] muy similares al que se aloja en el cuerpo inferior, estando en el eje de simetría vertical de la fachada.

Los flancos derecho e izquierdo, acogen dos conjuntos de columnas jónicas pareadas y adosadas al paramento vertical. Su estudio, al igual que ocurrió en el tercer cuerpo de la fachada principal donde las columnas son del mismo orden, lo postergaremos hasta ocuparnos del claustro, en el que las proporciones pondrán de manifiesto la relación existente entre las diferentes partes.

Los jarrones con grecas y los mascarones con formas de león, cierran el espacio a izquierda y derecha, soportando nuevamente a otros jarrones. Sobre esta decoración, se clausura el conjunto con guirnaldas de laurel, como las empleadas en la portada principal para enmarcar el nicho dedicado a la Virgen.

---

21 La ilustración presente en (Rodríguez et al, 1975, 10) muestra el mal estado de conservación que aquejaba a la piedra, si bien las reconstrucciones posteriores, han situado bajo la barbilla del querubín ubicado en el frontón triangular un cubo, que teniendo poco que ver con el original, le confiere un aspecto grotesco. Poner de manifiesto este hecho, motiva que se haya tomado esta ilustración como base para las dos construcciones siguientes.

El análisis de la portada encuentra dificultades adicionales a la búsqueda de elementos matemáticos reseñables. El motivo fundamental es el método de observación mediante fotografías; claramente al tener mayor porte, podremos afinar más en los detalles, minimizando los errores de cálculo. Los inconvenientes añadidos vienen marcados tanto por el acusado desnivel que presenta la calle Velázquez, así como por la escueta anchura de la vía que se encuentra cercenada por los edificios colindantes, dificultando la toma de imágenes del conjunto a la distancia necesaria como para encuadrar toda la portada de manera paralela a ella.

Ilustración 34: Rectángulo raíz de cinco en el cuerpo superior de la puerta de los Perdones (tomada de Rodríguez et al, 1975, 10)

El espacio central se encuentra, al igual que la portada principal, ocupando el rectángulo raíz de 5 *CDJI*, obtenido partiendo del rectángulo duplo *CDGH* y la hornacina junto a las columnas, un cuadrado. Como ya demostramos, al sustraer a un rectángulo raíz de 5 un cuadrado en su centro, cuyo lado sea el menor de los del rectángulo, los espacios a los lados constituyen sendos rectángulos áureos, de acuerdo a la composición que se presenta la siguiente ilustración:

Ilustración 35: Descomposición del cuerpo medio de la fachada
(tomada de Rodríguez et al, 1975, 10)

Al detenernos sobre el rectángulo áureo *ABCD* y trazar el cuadrado *ABFE*, el rectángulo *EFCD* es áureo[22]. En efecto, si denotamos por:

$\overline{AB} = \overline{AE} = x \Rightarrow \overline{AD} = \phi x$ de donde se sigue que

$$ED = \phi x - x = (\phi - 1)x = \frac{x}{\phi}$$

Y trivialmente la razón de los lados es

$$\frac{\overline{EF}}{ED} = \frac{x}{\frac{x}{\phi}} = \phi$$

Razonando de manera análoga, al dibujar sobre el rectángulo *EFCD* el cuadrado *DHGE*, el rectángulo resultante *HCFG* nuevamente es áureo. Claramente los rectángulos *AIGE* y *EFCD* tienen los mismos lados, por lo que los dos son áureos. Finalmente, al observar qué ocurre en el rectángulo *BFGI*, tenemos:

$$\overline{BF} = x, \ \overline{GF} = \overline{EF} - \overline{EG} = \overline{AB} - \overline{ED} = x - \frac{x}{\phi} = \left(\frac{\phi - 1}{\phi}\right)x = \frac{x}{\phi^2}$$

---

22 Esta demostración es similar a la que se lleva a cabo en el análisis de la fachada principal. Alternativamente, y como se indicaba, podíamos haber recurrido a la segunda de las propiedades sobre los números metálicos, que abordamos en el capítulo 2, sin más que considerar en el caso $p = 1$.

5

La planta

El diseño no es solo lo que ves, sino cómo funciona.

STEVE JOBS (1955-2011)

Cuando un arquitecto concibe la planta de un edificio, proyecta en su mente el conjunto al completo, es decir, el modelo tridimensional que albergará a los usuarios o moradores. En el caso de un templo medieval, el artífice no sólo tendría que satisfacer los gustos de quien encargara la obra, sino que de alguna forma también tendría a Dios como promotor. En última instancia sería a él a quien debería rendir cuentas, como creador y arquitecto supremo[23].

En contraposición con las edificaciones románicas, la depuración de la técnica constructiva basada en arquerías con nervaduras, permitió al estilo gótico erigir soberbios edificios que se alzaban hacia el cielo, buscando el contacto con Dios. Las vidrieras permitían que la luz proveniente del exterior iluminase al fervoroso creyente, a la vez que facultaban las explicaciones de los textos sagrados en las imágenes que componían sus coloridos cristales emplomados. Ciertamente, el arquitecto tenía a diario el examen de su ciencia frente a la fuerza de la gravedad y las proezas levantadas eran testigos inertes en el devenir del tiempo, que actualmente cuantificamos en siglos.

Si Dios tomó una costilla de Adán y con ella creó a Eva, podemos considerar que la suma de las partes era el todo. Esa unidad de medida que se repite desde *Los Diez libros de Arquitectura*, se postula crucial, y averiguar dicho germen dotará de sentido al conjunto. En términos de la arquitectura medieval, es el *tramo* o distancia entre los ejes de las columnas, el que vendría a poner orden sobre el aparente *caos*.

---

23 No son pocas las referencias en los textos sagrados a la figura del Dios Creador del Universo o *Cosmocrator*, cuya representación es la de un geómetra sosteniendo un compás sobre una esfera. Sirvan como ejemplos Hebreos 11, 10 o bien Salmos 146, 6.

Ahora bien, el arquitecto no siempre estaba presente en la erección de sus proyectos y era bastante común que, en las empresas de menor calado, vendiese las *trazas*[24] al promotor del proyecto y que fuese un maestro de obras, en base a las explicaciones más o menos sucintas presentes en la documentación que le entregaban, quien interpretase los planos (Esteban, 2004, 89).

Considerar la seo Almeriense como una obra de poca entidad, a la vista del resultado parece cuanto menos arriesgado. Pero si tenemos en cuenta la población existente y el estado de destrucción de la ciudad tras el terremoto de 1522, quizá el lector pueda hacerse su propia composición de lugar.

En contraste con la realidad del momento, lo cierto es que Villalán plantea la construcción de un templo con proyección de futuro, pues la planta de la Catedral de Almería se adapta a un rectángulo doble, proporciones destinadas a las grandes iglesias, en contraposición con las de tamaño mediano que se ajustarían a una razón sesquiáltera[25] (Esteban, 2004, 87). En un lenguaje más actual y recurriendo a la aritmética de los racionales $1+\frac{1}{2}=\frac{3}{2}$, o lo que es lo mismo, que las iglesias de un tamaño medio se construirían con planta rectangular, donde la relación entre sus lados sería 3 a 2.

Puesto que los actuales aparatos electrónicos para medir distancias, alcanzan una precisión que sin dificultad llega hasta la milésima del metro, emplearemos esta mantisa para la realización de los cálculos, lo que arroja 51,975 m de largo y 25,756 m de ancho. Estableciendo el cociente entre las medidas obtenidas, tenemos un valor de 2,018, por lo que el error relativo (expresado en porcentaje) respecto al teórico rectángulo doble vendría dado por:

$$100\delta = \frac{|2,018- 1|}{2} = 0,9\ \%$$

La referencia en el tiempo, nos lleva inexorablemente a mirar en dirección a Segovia. Su Catedral, que empezó a construirse en 1525, se considera la última en estilo gótico erigida en la Península, de manos de Juan Gil de Hontañón y García de Cubillas, y tan solo un año después de la seo

---

24 Se conoce por trazas al conjunto de planos de un edificio, y solían contener indicaciones sobre cómo erigirlo. La construcción podría ser explicada en términos aritméticos, aportando las medidas, o bien mediante construcciones puramente geométricas.

25 La etimología latina nos despeja las dudas, pues el prefijo *sesqui* nos indica uno y medio, mientras que *alter* nos muestra que es del otro.

almeriense (Torres, 1952, 380). El parecido entre ambas plantas es más que notable, por lo que cuando menos merecen el esfuerzo de compararlas a nivel aritmético. La segoviana ocupa un rectángulo de 105 m de largo por 50 m de ancho, con lo que la desviación respecto del idolatrado rectángulo doble como ideal de planta es del 5 %, claramente superior que lo que ocurre en la de Almería.

La teoría de errores es una parte de las matemáticas ampliamente extendida en el ámbito científico, y tenemos más que asumida la existencia de inexactitudes, por lo que sólo podemos intentar controlarlas. Si observamos la usual cinta métrica en un costurero, veremos que la unidad de medida es 0,5 cm, por lo que el error en una medición será inferior a 5mm. Así, al medir el largo de una tela, si el guarismo obtenido es 92 cm, el valor exacto de su longitud será una cantidad que oscilará entre los 91,5 cm y los 92,5 cm. Si hacemos lo propio con un flexómetro, reduciremos el error a 1mm, por lo que podremos asegurar que esta vez la longitud exacta debe ser un valor comprendido entre 91,9 cm y 92,1 cm.

En términos probabilísticos, cualquier variable aleatoria de tipo continuo tendrá un soporte no numerable, o, dicho de otro modo, no puede tomar valores exactos o lo hará con probabilidad nula. Deberá inexorablemente pertenecer a un entorno cuyo radio vendrá determinado por una cota del error absoluto.

En las construcciones actuales, difícilmente veremos los replanteos con una bucólica cinta métrica o un nivel de agua. Son los modernos teodolitos digitales instalados sobre trípodes (o estaciones totales) los que se emplean para medir distancias, ángulos y niveles. Y a pesar de todo el avance que la tecnología brinda, siempre hay que asumir la existencia de errores en los aparatos, aunque sus tolerancias hagan que puedan pasar inadvertidos al ojo humano, o en el peor de los casos, no afecten a la funcionalidad última de la construcción.

Los instrumentos de medida empleados por los arquitectos y maestros de obras góticos, distaban una eternidad, de los actuales:

- Una cuerda con nudos equidistantes[26] o una escuadra, posibilitaba establecer ángulos rectos.

---

26 Una cuerda con 12 nudos a la misma distancia, permite construir un triángulo que deja 3, 4 y 5 espacios. Dado que $5^2 = 3^2 + 4^2$, esta terna pitagórica establece los lados de

- La cadena con eslabones para establecer distancias.
- Una plomada[27] establece la verticalidad de un paramento.

A tenor del Compendio de Simón García, las trazas bien se explicitan mediante sus medidas o bien lo hacen en base a construcciones geométricas. En el primer caso, y si tenemos en cuenta que los más afamados arquitectos y constructores de catedrales en España durante el s. XVI son de origen castellano o se formaron en este reino, la unidad de medida empleada en la Catedral de Almería, bien podría haber sido la *vara castellana*, y equivaldría a los actuales 0,836 m (en el caso de Burgos, que es el que se generalizó) (Esteban, 2004, 88). La subdivisión de la vara sería el pie, donde asumimos que tres pies darían la longitud de una vara. Así, con la aritmética asumida, un *pie castellano* arrojaría una medida de 0,279 m.

Al medir la anchura o tramo de la nave central, podemos comprobar que hay diferencias significativas en función del sitio donde llevemos a cabo la observación. Sirvan como ejemplo las siguientes comparativas:

- El intercolumnio frente al trascoro mide 8,994 m y el correspondiente a la capilla central de la girola es de 8,816m
- Las columnas del crucero y de la capilla mayor adyacentes a la nave de la Epístola, tienen una distancia entre sus ejes de 11,148 m y 11,452 m, respectivamente

En cuanto a las anchuras de las naves del Evangelio y de la Epístola, tenemos:

- Intercolumnios que oscilan, en el tramo occidental, desde los 5,019 m hasta los 5,357 m.
- Las distancias entre los ejes de las columnas, varían entre los 7,25 m y llegando a alcanzar los 7,40 m.

Puesto que las diferencias son menos exageradas al comparar elementos distantes y próximos al perímetro de la planta, parece lógico pensar que

---

un triángulo rectángulo, y al prolongar los catetos, obtenemos dos rectas perpendiculares que permiten erigir paramentos verticales que sean ortogonales.

27 Es quizá junto a la regla, el único instrumento que sigue teniendo perfecta vigencia en las obras actuales, pudiendo con frecuencia observar ladrillos suspendidos por una cuerda, que indican la verticalidad.

las medidas se hubiesen marcado sobre el terreno exterior y con posterioridad haberlas trasladado al interior del templo. Así, los contrafuertes exteriores de la fachada norte, marcan inequívocamente los espacios interiores, teniendo en cuenta que la portada norte tiene la misma anchura que la nave central y que la capilla mayor. De este modo, y aunque vuelve a haber diferencias[28] entre los tramos de las naves de la Epístola y del Evangelio, la media aritmética de las medidas observadas es de 7,27 m; por su parte al cuantificar la anchura de la portada norte, vemos que alcanza los 11,26 m. En los dos últimos casos expuestos, nótese que ambas medidas se han tomado desde el exterior y entre los ejes de dos contrafuertes adyacentes.

La proporción entre ambas medidas, establece los rectángulos que ocupan el lado occidental de la nave central y vendría dado por:

$$\frac{11,26}{7,27} \cong 1,549$$

Si consideramos las medidas tomadas sobre la planta, el lado menor del rectángulo arroja 25,756 m o bien 92,315 pies. Dicho de otra forma, 30 varas y 463/200 pies. Por su parte los 51,975 m del largo, equivalen a 186,290 pies o 62 varas y 29/100 pies. Los decimales que aparecen en la medida en pies, del ancho y el largo, son próximos a 1/3, medida poco amigable en términos prácticos, si la comparamos con ½ (un eslabón) o ¼ (medio eslabón) de la cadena de agrimensor[29]. Aunque es factible dividir el eslabón en tres partes iguales, el constructor tendría que usar para ello el teorema de Tales, lo que dificultaría mucho más su labor.

Al trasladar a pies las medidas y teniendo en cuenta las dificultades técnicas más allá de la división en partes iguales, que permiten averiguar 1/4, 1/2 y ¾ de pie, se tendría que 11,26 m $\cong$ 40,5 pies y y la razón de las medidas expresadas en pies sería ahora:

$$\frac{40,5}{26} \cong 1,558$$

---

28 Esta discrepancia de medidas, es observable al viandante aunque no vaya provisto de ningún útil para medir. Basta con prestar atención a los contrafuertes a los lados de la portada norte, donde el izquierdo sobresale del muro menos que el derecho.

29 Según Esteban (2004, 88): «Para llevar el dibujo a una planta sobre el terreno se usó, hasta hace poco tiempo, la cadena de agrimensor. Esta cadena en la antigüedad estaba formada por eslabones, en forma de «8», de medio pie, de modo que era fácil apreciar ¼ de pie. Desde mediados del siglo xix las cadenas tienen eslabones de 20 o de 25 cm.»

Si consideramos la construcción geométrica que hace Simón García de una planta similar a la de Almería y que abordamos en el capítulo 3, la proporción vendría dada por el número irracional $\frac{8+\sqrt{8}}{7} \cong 1{,}547$. Está claro que el error absoluto de la medida en metros es inferior a la trasladada a pies, pero también podemos cuantificar los errores relativos expresados nuevamente en tanto por ciento:

$$100\delta_{metros} = \frac{|1{,}547 - 1{,}549|}{1{,}547} \cdot 100 \cong 0{,}129\ \%$$

$$100\delta_{pies} = \frac{|1{,}547 - 1{,}558|}{1{,}547} \cdot 100 \cong 0{,}711\ \%$$

Es decir que, realizando la traducción a pies con las consideraciones anteriormente hechas de nuestros actuales metros, provoca un error relativo 5,512 veces superior, pero en ambos casos es sustancialmente inferior al 1 %.

El gran parecido entre la proporción de los lados de los rectángulos que ocupan la nave central, con la proporción dual que recoge Simón García, sin obtenerla algebraicamente, y que como ya hemos justificado bien puede deberse a Rodrigo Gil de Hontañón, nos indica que la traza de la Catedral de Almería se ajusta con mucha fidelidad a la planta de un templo de tres naves expuesta en el *Compendio de Arquitectura y Simetría de los Templos*.

Parece lógico pues, poner en valor el número $\frac{8+\sqrt{8}}{7}$, del que no hemos encontrado ninguna referencia bibliográfica hasta el momento, definiéndolo como *número de Hontañón*.

A comienzos del s. xx, el matemático Mark Barr propuso la utilización de la letra griega phi, para denotar al número de oro, en honor del escultor principal y arquitecto del Partenón de Atenas, Fidias (Corbalán, 2010, 23). El equivalente a nuestra letra hache en el alfabeto griego, es la letra eta (η), cuya pronunciación se aleja del sentido expuesto por Barr. Con la salvedad de la hache, y en los sucesivo, denotaremos al número de Hontañón por la letra griega omega:

$$\omega = \frac{8+\sqrt{8}}{7}$$

El rectángulo de la planta

La construcción de los espacios, comenzando por la fachada occidental, partiría de un cuadrado ABDC, cuyo lado corresponde con el menor del rectángulo que ocupa la planta.

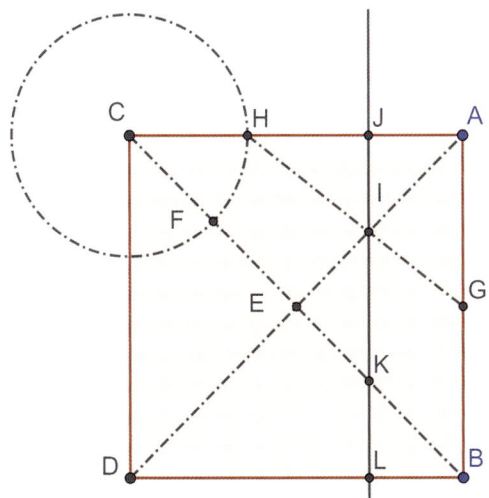

Ilustración 36: Construcción del primer espacio, adyacente a la fachada occidental

Trazamos las diagonales $\overline{AD}$ y $\overline{BC}$, siendo E el punto donde se cortan. Obtenemos los puntos medios de los segmentos $\overline{CE}$ y $\overline{AB}$, y los notamos con las letras F y G, respectivamente. Haciendo centro en el vértice C y tomando como radio la longitud del segmento $\overline{CF}$, vemos que la circunferencia establecida corta al lado $\overline{CA}$ en el punto H. Ahora se traza la recta $\overline{HG}$, que intercepta a la diagonal $\overline{AD}$ en el punto I.

La perpendicular al lado $\overline{AC}$ y que pasa por I, corta al lado $\overline{AC}$ en el punto que denotaremos por J, a la diagonal $\overline{BC}$ en K y al lado $\overline{BD}$ en L, siendo estos puntos las posiciones que determinan la ubicación de las columnas del interior del templo, tal y como muestra la ilustración 36.

El espacio, una vez delimitado por las perpendiculares trazadas desde los puntos K e I sobre la recta $\overline{AB}$, generan sendos cuadrados sobre las naves del Evangelio y la Epístola (marcados con las letras $LBNK$ e $IMAJ$, respectivamente) así como el rectángulo con la proporción de Hontañón que ocupa la nave central, que viene determinado por $KNMI$.

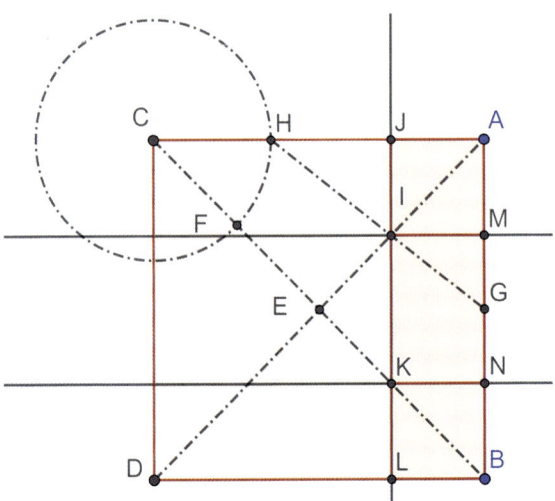

Ilustración 37: Primeros espacios

Trasladando sucesivamente la medida $\overline{AJ}$ sobre la prolongación del lado $\overline{AC}$, y trazando por los puntos obtenidos tres rectas perpendiculares al lado $\overline{AC}$, obtenemos la distribución de los cuatro espacios iguales. Dos de ellos serán destinados a la ubicación del coro, cerrando con muros los intercolumnios a excepción del lado este, que se abre a la capilla mayor. Adyacente, y en su parte oeste, se ubicó un altar presidido por una imagen de la Virgen de los Remedios, aunque la obra que actualmente se emplaza allí, el trascoro, se ejecutará en 1777 (Rodríguez et al, 1975, 49).

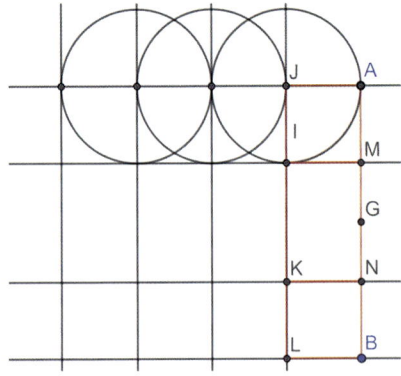

Ilustración 38: Delimitación de espacios

Tanto el coro como el trascoro, serán con posterioridad cerrados por sendas verjas de hierro, como los conocemos en la actualidad.

Resueltos los espacios iguales, restarían los cuadrados que presiden el crucero y la capilla mayor, pero teniendo en cuenta que sus lados coinciden con la medida del segmento $\overline{MN}$, basta con trasladarla, cerrando de esta forma el rectángulo doble sobre el que se levanta la planta. La ilustración 39, muestra los espacios en función del lado o tramo $\overline{AM} = x$, así como del número de Hontañón ω.

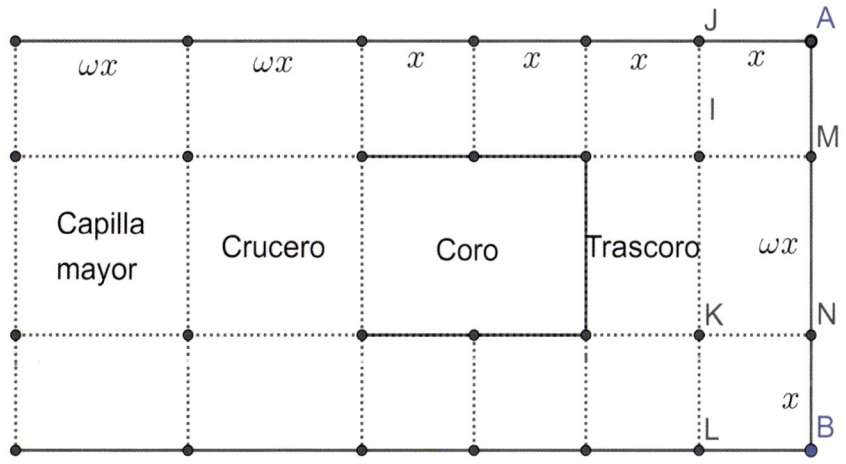

Ilustración 39: Distribución del rectángulo duplo de la planta

Para terminar completamente el estudio de este rectángulo, necesitamos establecer la división de la capilla mayor, con forma poligonal de seis lados. En su concepción original, los muros se encontraban cerrados y no tenían los actuales vanos. En el s. XVIII se plantea la posibilidad de comunicar la capilla mayor con la girola, permitiendo el contacto visual entre los fieles que se encontraran presentes en esta zona del templo y el sacerdote que oficiara el culto.

Así el obispo fray Manuel de Santo Tomás y Mendoza (1643-1717) impulsó la obra en 1708 y encarga la creación de cinco arcos de medio punto[30], produciéndose una sinergia entre el gótico del primigenio diseño y

---

30   «(…) abriendo cinco arcos de nueve varas y media de altura, a la par aquél se propone el bajar el presbiterio. Se encarga esta obra al maestro de la Santa Iglesia de Granada

el neoclásico empleado para las aberturas, resaltando la presencia de las nervaduras mediante su dorado.

Puesto que el espacio que ocupa la capilla mayor se establece sobre un cuadrado de lado ωx, podemos inscribir en él un octógono regular, cuyo lado se relaciona con el del cuadrado mediante el número de plata. Si usamos la notación habitual, denotando por l al lado del octógono, se tendría:

$$\frac{\omega x}{l} = \delta \Rightarrow l = \frac{\omega x}{\delta} \Rightarrow l = (\delta - 2)\omega x = (\sqrt{2} - 1)\frac{8 + \sqrt{8}}{7}x \Rightarrow l = \frac{6\sqrt{2} - 4}{7}x$$

Ahora bien, el octógono no se encuentra completo, pues se prolongan dos de sus lados hasta hacerlos coincidir con vértices del cuadrado. Para fijar ideas, observemos la imagen que muestra la ilustración 40, donde $\overline{AC} = \overline{CD} = l = \frac{\omega x}{\delta}$. Para averiguar la medida del lado $\overline{CE}$, podemos recurrir a que $\overline{BC} = \overline{DE}$ y $\overline{BE} = 2\overline{DE} + \overline{CD}$. Así:

$$\omega x = 2\overline{DE} + \frac{\omega x}{\delta} \Rightarrow \overline{DE} = \frac{\omega x - \frac{\omega x}{\delta}}{2} = \frac{\omega x(\delta - 1)}{2\delta} = \frac{\frac{8 + \sqrt{8}}{7}x\sqrt{2}}{2(1 + \sqrt{2})} \Rightarrow \overline{DE} = \frac{6 - 2\sqrt{2}}{7}x$$

$$\overline{CE} = \overline{CD} + \overline{DE} = \frac{\omega x}{\delta} + \frac{\omega x(\delta - 1)}{2\delta} = \frac{2\omega x + \omega x(\delta - 1)}{2\delta} = \frac{\omega x(\delta + 1)}{\delta^2 - 1} \Rightarrow$$

$$\Rightarrow \overline{CE} = \frac{\omega x}{\delta - 1} = \frac{\frac{8 + \sqrt{8}}{7}}{\sqrt{2}}x = \frac{2 + 4\sqrt{2}}{7}x$$

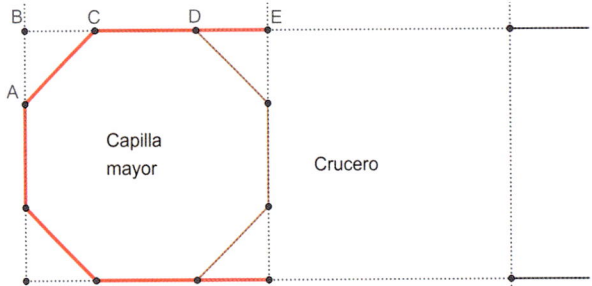

Ilustración 40: Determinación del polígono que rige la capilla mayor

don José Sánchez con personal que trae de dicha ciudad. Se firma el contrato en la cantidad de 3.000 ducados, corriendo por cuenta de dicho maestro los materiales, a excepción de los hierros para las rejas, y se determina comenzar las obras pasadas las pascuas de Navidad.» (López, 1999, 597)

Pero la relación entre $\overline{CE}$ y $\overline{CD}$, no depende del valor del cuadrado del que partamos ni por lo tanto del número de Hontañón, aunque sí del de plata. En efecto, la razón de los segmentos, es:

$$\frac{\overline{CE}}{\overline{CD}} = \frac{\frac{\omega x}{\delta - 1}}{\frac{\omega x}{\delta}} = \frac{\delta}{\delta - 1} = \frac{\delta(\delta - 1)}{(\delta - 1)^2} = \frac{\delta^2 - \delta}{\delta^2 - 2\delta + 1}$$

Recordando que $\delta^2 - 2\delta - 1 = 0$, se sigue $\delta^2 - 2\delta + 1 = 2$ y $\delta^2 - \delta = \delta + 1$, lo que conduce a

$$\frac{\overline{CE}}{\overline{CD}} = \frac{\delta^2 - \delta}{\delta^2 - 2\delta + 1} = \frac{\delta + 1}{2} \Rightarrow$$

$$\Rightarrow \boxed{\frac{\overline{CE}}{\overline{CD}} = \frac{\delta + 1}{2} = \frac{2 + \sqrt{2}}{2}}$$

La girola y sus capillas

Hasta descubrir la relación existente entre los tramos de las naves, un estudio con GeoGebra sugería que podían nuevamente surgir de los lados de un octógono regular, pues los segmentos que delimitan las capillas forman efectivamente ángulos de 135°. En cambio, al inscribir la figura de ocho lados, se percibía que las anchuras de las capillas laterales no tenían las mismas dimensiones. Es más, estas son semicírculos precedidos de un tramo recto. ¿Cómo determinar esta medida?

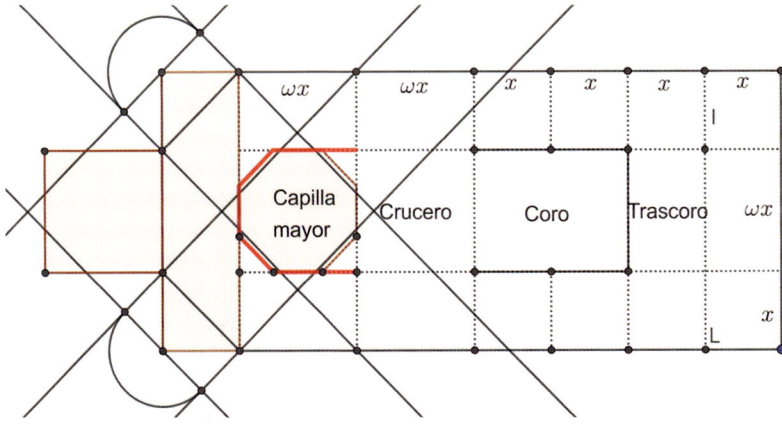

Ilustración 41: Construcción geométrica de la girola

La solución constructiva pasa por adosar el mismo tramo occidental *ABLJ* descrito en la ilustración 39 al rectángulo doble ya tratado, lo que resuelve el problema de la construcción geométrica sobre la planimetría de la girola y las capillas[31], como se puede apreciar en la ilustración 41.

Para fijar ideas en la ilustración 41, y poner luz en el entramado de líneas, empleemos la notación de la ilustración 40, donde solamente se han nombrado los vértices oportunos. Nótese que la simetría axial, una vez resuelta la capilla de san Indalecio situada en la continuación de la nave de la Epístola, nos proporciona las claves para las correspondientes medidas que rigen sobre su capilla simétrica, la de la Virgen de la Piedad, que se ubica en el lado de la nave del Evangelio. Ambas tendrán, por lo tanto, las mismas dimensiones.

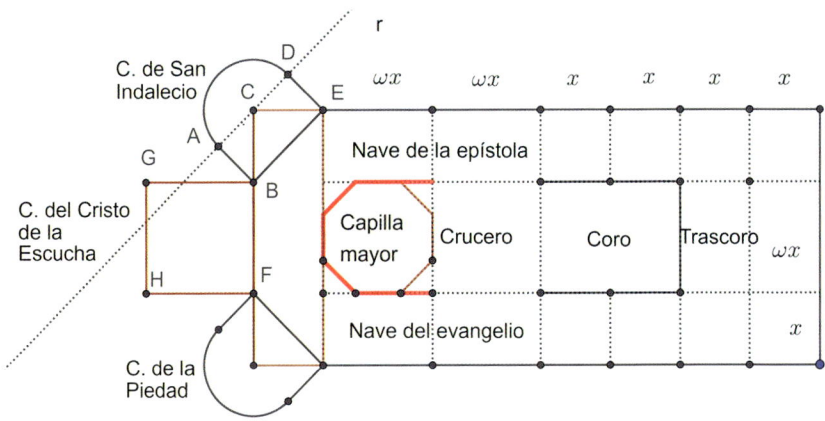

Ilustración 42: Construcción geométrica de las capillas de la girola

El cuadrilátero *BFHG* se construye levantando un cuadrado sobre el lado $\overline{BF}$, y por lo tanto la medida de su lado es ωx. Por otra parte, para la capilla de san Indalecio, por el vértice *C* se traza la recta *r*, paralela al lado $\overline{BE}$. Haciendo centro en *C* y considerando como radio $\frac{\overline{BE}}{2}$, se construye la semicircunferencia que corta a la recta *r* en los puntos *A* y *D*. Cerraríamos

---

31 Una intervención arqueológica llevada a cabo entre 1998 y 1999, con motivo del pro-yecto ganado por el arquitecto Alberto Campo Baeza para la remodelación de la plaza de la catedral, sacó a la luz una séptima torre defensiva de planta semicircular y cuyo arranque estaría ubicado en la portada principal (Palenzuela, 2017)

la capilla trazando sendas rectas que sean perpendiculares al lado $\overline{BE}$ por los puntos A y D, que por construcción, pasan respectivamente, por los puntos B y E.

Una vez clarificada la construcción, nos queda por determinar la medida del segmento $\overline{BE}$, que representará un diámetro de la semicircunferencia, así como las de los segmentos $\overline{AB} = \overline{DE}$.

Puesto que el segmento $\overline{BE}$ es la diagonal del cuadrado de lado $\overline{CE}$, el triángulo BCE será rectángulo e isósceles, siendo las medidas de los catetos $\overline{CB} = \overline{CE} = x$. Aplicando el teorema de Pitágoras al triángulo BCE, resulta que $\overline{BE} = \sqrt{2}x$ y por lo tanto el radio de la capilla de san Indalecio representaría su mitad, es decir $\frac{\sqrt{2}}{2}x$.

Al observar el triángulo CDE, que por construcción es rectángulo en el vértice D, el ángulo $\widehat{CED}$ es complementario del $\widehat{BCE}$ que medía 45º, por lo que ambos presentan la misma amplitud, esto es, $\widehat{CED} = \widehat{BCE} = $ 45º. Por consiguiente, el triángulo CDE es rectángulo isósceles, de donde $\overline{DE} = \overline{CD} = \frac{\sqrt{2}}{2}x$.

Para comparar el ancho de las capillas, establezcamos la razón entre el lado del cuadrado de la capilla del Cristo de la Escucha y el diámetro común de las capillas adyacentes, obteniendo

$$\frac{\overline{BF}}{\overline{BE}} = \frac{\omega x}{\sqrt{2}x} = \frac{\omega}{\sqrt{2}} = \frac{\omega}{\delta - 1} = \frac{2 + 4\sqrt{2}}{7}$$

medida que coincidiría con la del segmento $\overline{CE}$ de la ilustración 42 en el caso particular $x = 1$.

Pero si en vez de tomar el diámetro, hubiésemos considerado el radio $\overline{CD}$ de la circunferencia, la relación con el número de Hontañón se hubiera hecho más latente:

$$\frac{\overline{BF}}{\overline{CD}} = \frac{\omega x}{\sqrt{2}x / 2} = \frac{2\omega}{\sqrt{2}} = \frac{4 + 8\sqrt{2}}{7} = \omega - \frac{4}{7}$$

La capilla del Cristo de la Escucha

Es por excelencia y ubicación la más destacable de todo el conjunto catedralicio, pues no en vano, acoge los restos de su mecenas e impulsor, el obispo Villalán, así como el muy venerado Cristo de la Escucha.

Autores como López (1999, 221) se hacen eco de la tradición popular que da origen al nombre[32] del Cristo, que se sitúa en la primera reconquista de Almería. En 1147 un conjunto de tropas enviadas por el rey de León, Alfonso VII, en coalición con otras fuerzas cristianas, tomaron la ciudad y durante un período de diez años estuvo bajo la influencia del *Imperator totius Hispaniae*[33]. Tras su pérdida en favor de los almohades, los pobladores cristianos fueron deportados y la imagen del Cristo, para librarse de la más que plausible animadversión de los musulmanes, emparedada.

Tras la última reconquista cristiana, alguien oyó una voz que decía «escucha» y dirigiéndose al lugar de donde provenía y romper la pared tras la que fue escondida, apareció la imagen.

Leyenda o realidad, lo contrastable es que la actual talla que podemos ver en la capilla homónima, es una obra producida en 1941 por el artista indaliano Jesús Pérez de Perceval y Moral (1915-1985), más conocido como Jesús de Perceval, pues la original fue destruida durante la guerra civil de 1936 (López, 1999, 228).

El cambio de estilo *a lo romano*, se hace palpable con una entrada que abandona el arco ojival para convertirse en uno de medio punto con doble abocinamiento y con una profusa decoración.

Desde el punto de vista arquitectónico, la capilla del Cristo de la Escucha es de planta cuadrada, que al alzarse forma un cubo. Pero gracias al empleo de trompas rectas erigidas sobre los vértices de la cara superior del cubo, se transforma en un octógono, duplicando de esta manera los lados del cuadrado. La ilustración 43 muestra las trompas, cuyas dimensiones gobiernan el lado del octógono.

Como ya tratamos en el capítulo 2 y hemos venido usando de forma reiterada en el estudio de la planta, la relación entre el lado del cuadrado donde se inscribe un octógono se expresa en términos del número de plata, con lo que en el caso de la capilla del Cristo de la Escucha vendrá dado

---

32 «Continuamente acuden a rezarle al Cristo de la Escucha los más humildes; los pobres de espíritu; los que necesitan oír de los labios de Jesús las mismas palabras que pronunció el antiguo Santo Cristo, cuando estaba emparedado: «Escucha» (Rodríguez et al, 1975, 37).»

33 Del latín, emperador de toda España, fue el sobrenombre con el que fue coronado Alfonso VII de León en 1126, al ostentar el poder de los reinos de León, Castilla, Galicia y Toledo.

por $\frac{\omega x}{\delta}$, coincidiendo por lo tanto con el del octógono que dicta las proporciones de la capilla mayor.

Ilustración 43: Las trompas, un recurso para duplicar los lados del cuadrado

Las formas octogonales en los edificios religiosos, tuvieron muy buena acogida durante la Edad Media como patrón constructivo. No en vano el ocho es la culminación del número sagrado siete, los días necesarios para la creación del universo, siendo el octavo el dedicado a la redención de Cristo.

La capilla del Cristo de la Escucha, guarda cierto parecido con la del Condestable en la Catedral de Burgos. La burgalesa, erigida por Simón de Colonia entre 1482 y 1494, es de planta hexagonal y culmina en un octógono que viene a acoger una bóveda estrellada y calada, a cuyos pies descansan los restos mortales de Pedro Fernández de Velasco y su esposa Mencía de Mendoza, bajo un mausoleo de mármol de Carrara (Arroyo et al, 2011, 39).

6

Los arcos

La belleza perece en la vida, pero es inmortal en el arte.

LEONARDO DA VINCI (1452-1519)

Una evolución natural de la arquitectura de Egipto o Grecia pasa del arco adintelado o plano para cubrir los vanos, a las formas redondeadas. El románico recoge del Imperio romano su más que notable avance con el empleo del arco de medio punto e imprime su presencia en los pórticos, con una exquisita decoración de la que la Catedral de Santiago, de manos del Maestro Mateo, es un testigo mudo desde hace más de un milenio.

El afán adoctrinador de la iglesia, conduce a labrados en los que se explican los Evangelios, a modo de infografía, para un vulgo generalmente analfabeto. El gótico interioriza esta idea y fruto de los progresos científicos, los arcos permiten la construcción de soberbios ventanales que además de su función natural para el aporte de luz, sirven como lienzo vitrificado y policromado en los que plasmar los textos sagrados.

El gótico flamígero y los albores del Renacimiento, traerán consigo una pluralidad de arcos entre los que destacan los carpaneles o los conopiales, fundamentalmente tras la unificación territorial de la Península y la necesidad de los nuevos monarcas de manifestar de su presencia en los edificios públicos. Especialmente es llamativa la ascensión al trono del reino del emperador Carlos V, que no conociendo ni siquiera el idioma, tiene que enfrentarse desde sus primeros momentos a la oposición de un sector de la nobleza, que desembocará en la guerra de las Comunidades de Castilla en 1520. La necesidad imperiosa de imprimir su cuño demostrando inequívocamente quien ostenta el poder, hará que los edificios tomen nuevos roles enarbolando la figura del Rey, adoptando las renovadas líneas y gustos arquitectónicos de su momento.

La Catedral de Almería no es en exceso prolija en cuanto a la variedad de arcos presentes, como podríamos encontrar en otros monumentos, pero agudizando la visión, tendremos la ocasión de descubrir un buen elenco. Algunos de ellos no dan soporte a ninguna puerta, sino que forman parte de la decoración. En matemáticas ser una rara avis no constituye ningún problema, por lo que una exclusión del selecto grupo de curvas que jalonan la seo almeriense, no estaría justificada.

Trataremos de poner de relieve su importancia, clasificarlos y encontrar sus elementos más destacados, como los centros de las circunferencias que describen su contorno, sin más que recurrir a la Geometría elemental y al software dinámico GeoGebra.

Para comenzar, el principio natural radica en la definición de arco, entendido como la curva que une dos puntos. Dependiendo de si el punto inicial y final son distintos, o por el contrario coinciden, el arco será abierto o cerrado, respectivamente. Aunque esta definición permite dar cabida a todas las situaciones que presentaremos, al referirnos explícitamente al ambiente arquitectónico, debemos entender como tal, al elemento que permite soportar el peso de la construcción al realizar una apertura en uno de sus muros.

Antes de proceder al estudio pormenorizado de los ejemplos presentes, y para familiarizarnos con la terminología, vamos a definir los distintos elementos que conforman un arco. Cada una de sus partes, atiende a una función diferente y dependerá de la posición que ocupe dentro del arco o del valor que represente, por lo que el repertorio es amplio, como se puede apreciar en la ilustración 44.

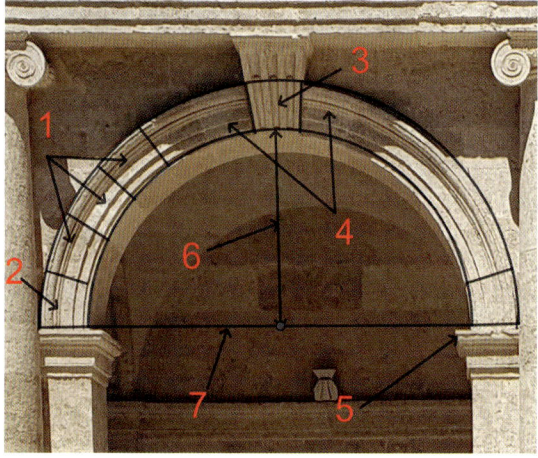

Ilustración 44: Partes y elementos destacados de un arco

Dovelas (1): Piedras en forma trapezoidal que forman parte del arco. Su cara interna se denomina intradós, siendo más estrecha que la cara externa o extradós.

Salmer (2): Cada una de las dovelas en las que arranca el arco.

Clave (3): Es la dovela que ocupa la posición central dentro del arco, siendo la última en ser colocada.

Contraclaves (4): Son las dovelas adyacentes a la clave.

Impostas (5): Piezas desde donde arranca el arco y sobre las que se colocan los salmeres. En ocasiones, como pone de relieve la ilustración 44 correspondiente a los arcos del claustro, las impostas pueden estar destacadas formando un saledizo.

Flecha (6): Distancia entre la clave y la recta que forman las impostas (también llamada línea de impostas).

Luz (7): Distancia entre los salmeres o anchura del arco.

En la actualidad los arcos atienden a una variedad de curvas que rigen su trazado, pero esta realidad no era así en el tiempo en el que se construyó la Catedral de Almería, siendo la circunferencia hegemónica en los ejemplos que veremos. Los arcos que hallaremos, se concibieron en la mente del arquitecto como la yuxtaposición de varias secciones de circunferencias, y aunque existen otros criterios, la clasificación que llevaremos a cabo de los arcos atenderá al número de centros que son necesarios plantear para establecer su construcción.

Recordemos que, como lugar geométrico, la circunferencia es el conjunto de puntos del plano que equidistan de un punto fijo llamado centro, siendo esa distancia común el radio de la circunferencia. La obtención del centro dados tres puntos de una circunferencia, se puede hacer teniendo en cuenta que, puesto que no pueden estar alineados, siempre podrán ser los vértices de un triángulo. Calculando la perpendicular a cada lado por su punto medio, estamos hallando las mediatrices del triángulo, que se cortarán en el centro de la circunferencia que pasa por los tres vértices.

Para demostrar este conocido hecho, veamos previamente una reformulación del concepto de mediatriz en términos de lugares geométricos.

Un punto pertenece a la mediatriz de un segmento si y sólo si equidista de sus extremos.

Demostración: Sean A y B los extremos se un segmento. Si el punto en cuestión, es el punto medio de $\overline{AB}$, se tiene demostrado trivialmente. Supongamos entonces que el punto elegido no pertenece al segmento $\overline{AB}$.

=>) Denotemos por O al punto medio del segmento $\overline{AB}$. Si P es cualquier punto de la mediatriz, al considerar los triángulos APO y BPO, resultan ser iguales (por ser rectángulos con los mismos catetos). En particular también serán iguales las hipotenusas, esto es $\overline{AP} = \overline{BP}$, es decir, se encuentra a la misma distancia de los extremos del segmento.

<=) Consideremos un punto P que equidista de los extremos del segmento $\overline{AB}$. Al trazar la perpendicular al segmento $\overline{AB}$ desde P, sea O' el punto de corte de esta con $\overline{AB}$. Los triángulos APO' y $O'BP$ son iguales (por ser rectángulos que comparten un cateto y por hipótesis las hipotenusas son iguales). De esta forma el tercer lado también es igual, con lo que $\overline{AO'} = \overline{O'B}$ y la perpendicular a $\overline{AB}$ pasa por su punto medio; luego es su mediatriz y, por lo tanto, P pertenece a la misma. *(c.q.d.)*

Las tres mediatrices de un triángulo, se cortan en un punto que equidista de los vértices. Dicho punto es el centro de la circunferencia circunscrita y se llamará **circuncentro***.*

Demostración: Consideremos el triángulo ABC y sean E y D los puntos medios de los lados $\overline{AB}$ y $\overline{BC}$, respectivamente. Las mediatrices de estos lados, necesariamente se cortan en un punto que denotamos por O (ya que $\overline{AB}$ y $\overline{BC}$ no son paralelos). Por el resultado anterior:

$O \in \overline{OD}$, mediatriz del lado $\overline{BC}$, luego $\overline{OB} = \overline{OC}$.

$O \in \overline{OE}$, mediatriz del lado $\overline{AB}$, de donde $\overline{OB} = \overline{OA}$.

Por transitividad $\overline{OB} = \overline{OA} = \overline{OC}$ (luego O es el circuncentro) y nuevamente por el mismo resultado anteriormente probado, el punto O pertenece a la mediatriz del lado $\overline{AC}$, lo que demuestra que las mediatrices son concurrentes. *(c.q.d.)*

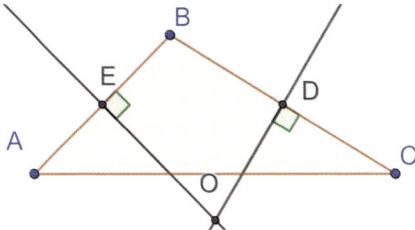

Ilustración 45: Las mediatrices de un triángulo, concurren en un punto

Arcos con un centro

Estudiamos esta familia de arcos, con bastante presencia en la Catedral de Almería, que pertenecen a los llamados de medio punto. Con ligeras variantes, podemos hablar también del arco de medio punto rebajado o en una versión más radical, del arco escarzano.

Arco de medio punto

Unos de los arcos más presentes, tanto en las ubicaciones renacentistas como en las neoclásicas, es el **arco de medio punto**, que se caracteriza por tener su centro en el punto medio de la línea de impostas, por lo que el intradós forma una semicircunferencia. Tanto las puertas que dan acceso a las capillas de la girola, la mayoría de las ventanas, al igual que las arcadas del claustro, fueron diseñadas siguiendo este patrón.

Ilustración 46: Arco de medio punto en la capilla de la Piedad

En la ilustración 46, se muestra la capilla de la Piedad y en color rojo el arco de medio punto. Para su construcción, se consideran sobre él los puntos C, D y E, estableciéndose las rectas r y s, que son respectivamente las mediatrices de los segmentos $\overline{CD}$ y $\overline{DE}$. La intersección de r y s, nos proporciona el centro de la circunferencia, marcado también en color rojo y que hemos denotamos por la letra F.

Un caso particular y llamativo del arco de medio punto, son los accesos a los baluartes situados en el lienzo sur de la muralla. Puesto que las puertas se practican por una de las aristas del cubo, las aberturas se sitúan entre paños perpendiculares, por lo que el intradós se encuentra dividido sobre cada uno de ellos.

La ilustración 47 muestra la puerta sureste, sobre la que campea nuevamente el escudo del obispo Villalán[34], reducido a uno los cuarteles con los consabidos cánidos provistos del collar, propios de su heráldica. Nótese que se ha prescindido tanto del capelo como de las borlas, aunque sí se encuentra flanqueado por dos ángeles tenantes.

Ilustración 47: Acceso a la torre sureste

---

34   El acceso que podemos observar en el torreón suroeste, es similar, mostrando los otros cuarteles del escudo de Villalán, si bien su estado de conservación es sustancialmente peor.

Arco escarzano

Una variante del arco de medio punto, es el **arco escarzano** o también llamado de medio punto rebajado. La diferencia con el de medio punto estriba en que el centro se encuentra por debajo de la línea de las impostas. Desde el exterior del templo, podemos observar arcos escarzanos tanto en la puerta de los Perdones, y que ya estudiamos al tratar de ella en el capítulo 4, como en las troneras abiertas en las torres y en el lienzo sur de la muralla, que complementaban el sistema defensivo. La ilustración 48 corresponde a la visión interior de la puerta que da acceso a la sala capitular, lugar de reunión del Cabildo catedralicio los últimos jueves de cada mes, y muestra en rojo el arco escarzano.

Ilustración 48: Arco escarzano en la sala capitular

Para calcular el radio de la circunferencia y la posición del centro, sean *A* y *C* los puntos del arco situados sobre las impostas. Calculando la mediatriz del segmento $\overline{AC}$, cortará al arco en el punto *B*. Trazando esta vez la mediatriz del lado $\overline{AB}$, cortará a la otra mediatriz en el punto *E*, que será el centro del arco de circunferencia buscado. Denotando la luz por $\overline{AC} = 2s$ y a la flecha $\overline{BD} = f$, por construcción el triángulo *ABC* es isósceles, siendo $\overline{AB} = \overline{BC}$. De esta manera, la altura trazada desde el vértice *B*, divide a la base $\overline{AC}$ en dos partes iguales y por ser ABD un triángulo rectángulo en D, el teorema de Pitágoras nos permite afirmar que su hipotenusa mide $\overline{AB} = \sqrt{s^2 + f^2}$.

Teniendo en cuenta que el área S de un triángulo puede obtenerse como el producto de sus tres lados entre cuatro veces el radio de la circunferencia circunscrita, que denotaremos por r, se tiene:

$$S = \frac{\overline{AB} \cdot \overline{BC} \cdot \overline{AC}}{4r} \Rightarrow r = \frac{\overline{AB} \cdot \overline{BC} \cdot \overline{AC}}{4S} = \frac{(\sqrt{s^2+f^2})^2 \, 2s}{4\left(\frac{2sf}{2}\right)} \Rightarrow \boxed{r = \frac{s^2 + f^2}{2f}}$$

En particular $r - f = \dfrac{s^2 - f^2}{2f}$ nos da la distancia entre los puntos D y E, expresando la posición del centro E bajo la línea de las impostas, donde nótese que la flecha ha de ser menor que la semiluz, es decir, $f < s$.

Arcos con dos centros

Presentamos dos tipos de arcos pertenecientes por un lado a la extensa familia de los arcos apuntados u ojivales, así como a los de tipo rampante.

Arcos ojivales

Si los arcos son símbolo inequívoco del estilo constructivo del momento, los ojivales serían los máximos exponentes del gótico, y vendrán a sustituir el espacio ocupado por los arcos de medio punto tan recurrentes en el románico.

El empleo de los arcos ojivales, no responde en exclusiva a un esnobismo de su época. Más al contrario y desde el punto de vista estructural, absorben mejor los empujes laterales, que serán repartidos entre contrafuertes y arbotantes, permitiendo establecer vanos de tamaños significativamente mayores que en el románico, posibilitando elevar la altura de los edificios.

Definimos entonces un **arco ojival** o arco apuntado, como la yuxtaposición de dos arcos de circunferencia con el mismo radio, y cuyos centros se sitúan sobre la línea de las impostas. La variedad de los arcos ojivales que podemos encontrar, es bastante notable, y dependerá de la posición que

ocupen los centros de las dos circunferencias, lo que supondrá necesariamente, una variación en los radios de las mismas.

Para la obtención de los centros, bastará con tomar dos puntos en cada
uno de los arcos, y trazar las mediatrices correspondientes, hasta ver donde cortan a la línea que une las impostas.

Con objeto de poder establecer una clasificación de los arcos ojivales,
distinguiremos tres casos, dependiendo de la posición de los centros. Si
están:

- Dentro de la luz, diremos que el arco es **ojival rebajado**.
- Sobre la luz, se denominará **ojival equilátero**.
- Fuera de la luz, lo llamaremos **ojival peraltado**.

Consideremos entonces el arco ojival de la ilustración 49, en la que se
ha situado uno de los centros en el punto E, ubicándolo dentro de la luz,
cuestión que no resta generalidad a la demostración. Para aligerar la no-
tación, denotamos a la semiluz por $\overline{AB} = s$, a la flecha $\overline{BC} = f$, así como al
radio $\overline{AE} = \overline{CE} = r$. Al trazar desde E la recta perpendicular al lado $\overline{AC}$, la
cortará en el punto D. Claramente, los puntos del segmento $\overline{DE}$ pertenecen
a la mediatriz del lado $\overline{AC}$, por lo que $\overline{AD} = \frac{1}{2}\overline{AC}$ y $\widehat{ADE} = 90°$.

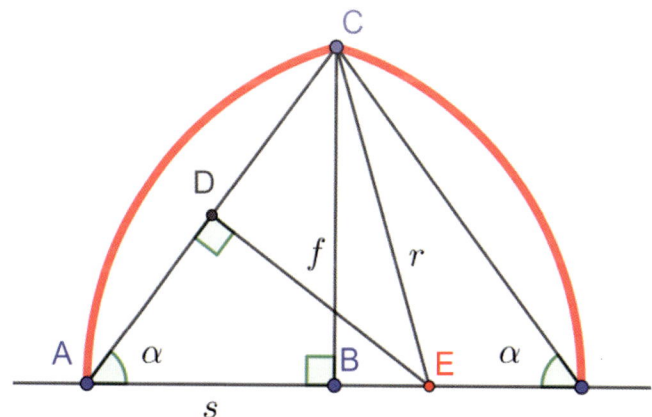

Ilustración 49: Determinación de la posición del centro de un arco ojival

Al utilizar el teorema de Pitágoras en el triángulo ABC, podemos calcular el valor de la hipotenusa $\overline{AC} = \sqrt{s^2 + f^2}$. Por otra parte los triángulos ADE y ABC comparten el ángulo α y puesto que son rectángulos, tendrían dos ángulos iguales, por lo que son semejantes y en particular sus lados proporcionales. De esta forma:

$$\frac{\overline{AE}}{\overline{AC}} = \frac{\overline{AD}}{\overline{AB}} \Rightarrow \frac{r}{\sqrt{s^2 + f^2}} = \frac{\frac{1}{2}\sqrt{s^2 + f^2}}{s} \Rightarrow r = \frac{s^2 + f^2}{2s}$$

Para comparar la luz con el radio, establezcamos la diferencia entre ambos valores, lo que nos conduce a la expresión:

$$2s - r = 2s - \frac{s^2 + f^2}{2s} = \frac{3s^2 - f^2}{2s}$$

El signo de la fracción obtenida depende en exclusiva del numerador, ya que el denominador es no negativo, pudiendo distinguir los siguientes tres casos planteados. Esto es:

- $2s - r > 0 \Rightarrow 3s^2 - f^2 > 0 \Rightarrow \frac{f^2}{s^2} < 3 \Rightarrow \frac{f}{s} < \sqrt{3} \Rightarrow \operatorname{tg}\alpha < \operatorname{tg}60^{\circ} \Rightarrow \alpha < 60^{\circ}$

- $2s - r = 0 \Rightarrow 3s^2 - f^2 = 0 \Rightarrow \frac{f^2}{s^2} = 3 \Rightarrow \frac{f}{s} = \sqrt{3} \Rightarrow \operatorname{tg}\alpha = \operatorname{tg}60^{\circ} \Rightarrow \alpha = 60^{\circ}$

- $2s - r < 0 \Rightarrow 3s^2 - f^2 < 0 \Rightarrow \frac{f^2}{s^2} > 3 \Rightarrow \frac{f}{s} > \sqrt{3} \Rightarrow \operatorname{tg}\alpha > \operatorname{tg}60^{\circ} \Rightarrow \alpha > 60^{\circ}$

De las relaciones anteriores, se deduce que para clasificar los arcos ojivales basta con encontrar la razón entre la flecha y la semiluz y compararla con $\sqrt{3}$. De manera complementaria, también se podría calcular el ángulo α y dependiendo de si su valor es menor, igual o mayor que 60°, el arco será rebajado, equilátero o peraltado, respectivamente.

Arco ojival rebajado

Para fijar ideas, consideremos la ilustración 50, correspondiente a la capilla lateral del Sagrario, cuyo acceso está formado por un arco ojival rebajado.

La línea de impostas que une los puntos C y D, arranca al terminar los capiteles de las columnillas laterales. Determinando la mediatriz del segmento $\overline{CD}$, vemos que corta al arco en el punto F y al segmento $\overline{CD}$ en su punto medio E.

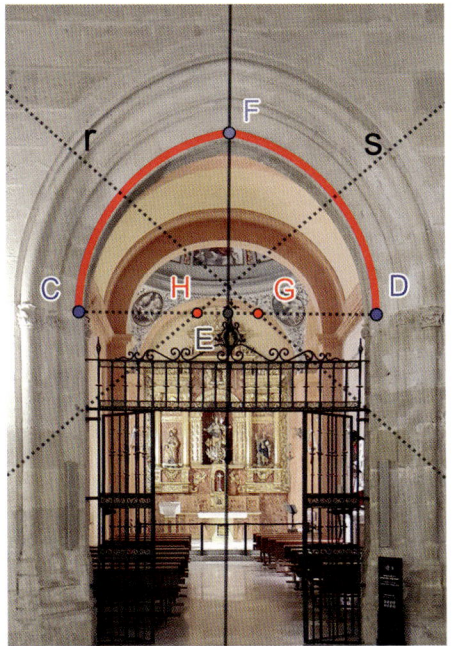

Ilustración 50: Arco ojival en la capilla del Sagrario

Al trazar las mediatrices *r* y *s*, de los segmentos $\overline{CF}$ y $\overline{FD}$, cortan al segmento $\overline{CD}$ en los puntos *G* y *H*, respectivamente, que constituyen los centros de las dos circunferencias buscadas. Para determinar los arcos que conforman el ojival, bastará con hacer centro en cada uno de ellos, empleando como radio la medida común $\overline{HF} = \overline{GF}$.

Nótese cómo en el caso de que los centros coincidieran, esto es *G = H*, se obtendría un arco de medio punto, por lo que podemos considerarlo un caso particular del arco ojival. Esto motiva estudiar la distancia entre *G* y *H*, lo que supone la quinta parte de la luz del arco que viene determinada por la longitud de la línea de impostas $\overline{CD}$.

Esta observación permite calcular la flecha del arco en función de la semiluz $\overline{ED} = x$. En efecto, por construcción el triángulo *EFG* es rectángulo en *E* (dado que $\overline{FE}$ es la mediatriz del segmento $\overline{CD}$ y en particular es perpendicular a él) y conocemos el valor de uno de sus catetos $\overline{EG} = \frac{x}{5}$, así como el de la hipotenusa $\overline{GF} = \overline{HD} = \overline{ED} + \overline{EG} = x + \frac{x}{5} = \frac{6x}{5}$.

Empleando el teorema de Pitágoras sobre el triángulo *EFG*, se tiene:

$$\overline{FE}^2 = \overline{GF}^2 - \overline{EG}^2 \Rightarrow \overline{FE}^2 = \left(\frac{6x}{5}\right)^2 - \left(\frac{x}{5}\right)^2 \Rightarrow \overline{FE}^2 = \frac{35x^2}{25} \Rightarrow \overline{FE} = \sqrt{\frac{7}{5}}\,x$$

Puesto que $\sqrt{\frac{7}{5}} < 2 \Rightarrow \sqrt{\frac{7}{5}}\,x < 2x \Rightarrow \overline{FE} < \overline{CD}$, deducimos que la flecha del arco es estrictamente menor que su luz.

Arco ojival peraltado

Si nos dirigimos a la capilla del Cristo de la Escucha, al observar cualquiera de los arcos desde los que arrancan las nervaduras, podremos comprobar que también pertenecen a la familia de los arcos ojivales, aunque a diferencia del anterior, serían peraltados.

Ilustración 51: Arco ojival peraltado en la capilla del Cristo de la Escucha

La obtención de los centros y por lo tanto del arco, es idéntica a la anterior. Si *A* y *B* son los extremos de la línea de impostas, calculamos la mediatriz de dicho segmento que corta al arco en el punto *C*. Se trazan las rectas *r* y *s*, mediatrices de los segmentos $\overline{AC}$ y $\overline{CB}$, respectivamente y se obtienen sus intersecciones con la recta $\overline{AB}$.

Los puntos *E* y *F* marcados en color rojo, serían los centros de los arcos que, por encontrarse al exterior de la luz, clasifican el arco como ojival peraltado. Además, el segmento $\overline{AD}$ tiene el doble de longitud que el $\overline{AE}$.

Arco rampante

Una de las puertas con la decoración más elaborada de la Catedral, es la que da acceso al claustro. Si el arco que preside la entrada es de medio punto de dimensiones y estilo similar al de la capilla del Cristo de la Escucha, enmarcando una hornacina avenerada, encontramos secciones curvas que se conocen como **arcos rampantes**. Están decorados con cardinas, culminando en un cogollo, y la puerta está flanqueada por sendos pináculos adosados. Puede considerarse el arco, igualmente, como una variante del conopial, similares a los que se pueden observar en las ventanas del Museo de Salamanca, antiguo palacio de los Abarca (Gallego, 1972).

Este tipo de arcos, son secciones curvas cuya construcción tiene dos centros, que se encuentran a distinta altura y no necesariamente sobre la luz como les ocurre a los ojivales.

Para su construcción partiremos del rectángulo *ABCD*, que muestra la ilustración 52 y en él, adoptamos el siguiente protocolo:

- Con centro en *B* y radio $\overline{BC}$ trazamos un arco de circunferencia que cortará al lado $\overline{AB}$ en el punto *E*.

- Desde *E* trazamos una perpendicular al lado $\overline{CD}$, que lo corta en el punto *F*.

- Establecemos la mediatriz del segmento $\overline{AE}$, cortando al lado $\overline{AB}$ en el punto *H* y al $\overline{CD}$ en el punto *G*.

- Haciendo centro en *G* y tomando como radio la medida del segmento $\overline{DG}$, trazamos un arco de circunferencia C_1 que corta a la mediatriz $\overline{HG}$ en el punto *I*.

- Con centro en el punto *H*, trazamos otro arco de circunferencia C_2 cuyo radio sea la medida del segmento $\overline{HI}$.

El arco rampante viene dado por $C_1 \cup C_2$, donde nótese que:

$$\left.\begin{array}{l} \overline{GI} = \overline{DG} = \overline{GF} = \overline{HE} \\ \overline{HG} = \overline{EF} = \overline{BC} = \overline{EB} \end{array}\right\} \Rightarrow \overline{HI} = \overline{HG} + \overline{GI} = \overline{EB} + \overline{HE} \Rightarrow \overline{HI} = \overline{HB}$$

de donde se sigue que la suma de los dos radios, es el lado mayor del rectángulo. En el caso de que el rectángulo de partida sea áureo, la razón de los radios vendría dada por el número de oro.

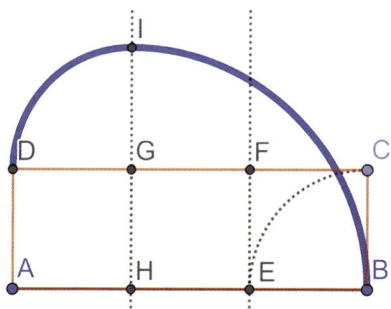

Ilustración 52: Arco rampante

Arcos con más de dos centros

Bajo esta denominación se agrupan una extensa tipología de arcos, de los que mostraremos la existencia de un ejemplo de carpanel, al igual que dos tipos de polilobulados, muy presentes tanto en las complejas vidrieras góticas, como en el arte musulmán, finalizando con un complejo entramado formando una tracería.

Arco carpanel

Al margen de la talla del soberbio coro, la maestría de Juan de Orea también se visibiliza en el interior de la seo si nos dirigimos a la sacristía, cuya puerta de acceso emplea un arco al que se recurrió con bastante frecuencia en el gótico flamígero y con solución de continuidad en el Renacimiento: **el arco carpanel**.

Bajo esta denominación se agrupa una familia de curvas, en los que la cantidad de centros que determinan el número de arcos de circunferencias que aparecen en su construcción, es siempre un valor impar mayor o igual que tres. El arco que preside la entrada a la sacristía de la Catedral, tiene tres centros y su determinación se puede hacer geométricamente. Para ello consideremos la luz y la flecha, determinadas por los segmentos $\overline{AB} = 2s$ y $\overline{CD} = f$.

- Haciendo centro en el punto *C* y con radio la semiluz, trazamos una circunferencia que cortará a la recta $\overline{CD}$, mediatriz del segmento $\overline{AB}$, en el punto *E*.

- Dibujamos los segmentos $\overline{AD}$ y $\overline{BD}$, donde el punto *D* es el corte de la mediatriz del segmento $\overline{AB}$ con el arco.

- Trazamos la circunferencia de centro *D* y radio $\overline{DE}$, que corta a los segmentos $\overline{AD}$ y $\overline{BD}$, en los puntos *F* y *G*, respectivamente.

- Las mediatrices de los segmentos $\overline{AF}$ y $\overline{BG}$, cortan a la recta $\overline{AB}$ en los puntos *H* e *I* (marcados en rojo) que serán dos de los centros. El tercer centro (marcado en amarillo) vendrá determinado por el punto donde se cortan las mediatrices de los segmentos $\overline{AF}$ y $\overline{BG}$, y que además concurren con la recta $\overline{CD}$ en *J*.

Bastará entonces con trazar las circunferencias con centros en *H* e *I* y con radio común $\overline{AH}$, hasta averiguar los puntos *K* y *L*, donde se cortan respectivamente con las mediatrices, estando los arcos *AK* y *LB* coloreados en rojo. Finalmente, haciendo centro en *J* y considerando como radio $\overline{JD}$, establecemos el arco de circunferencia *KL* señalado en color amarillo.

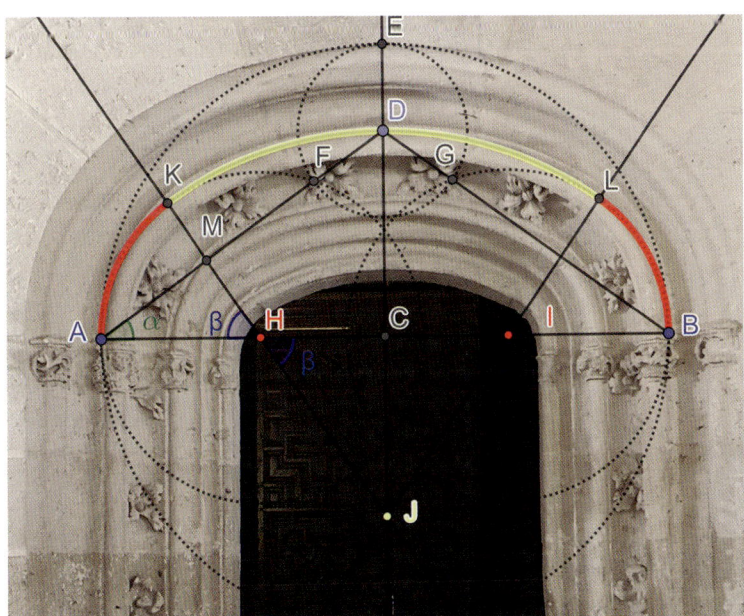

Ilustración 53: Construcción del arco carpanel

Es destacable cómo de la construcción se deduce que la semiluz ha de ser mayor que la flecha del arco, pues la distancia $\overline{ED} = s - f > 0$ es el primero de los radios considerados para obtener la circunferencia de centro D y que pasaba por los puntos E, F y G.

Este detalle nos permite, además, encontrar la posición de los centros H, Y y J recurriendo nuevamente a herramientas similares a las expuestas en el caso de los arcos ojivales. Para la obtención del punto I, bastaría con encontrar la posición de H y hacer una simetría axial respecto de la recta $\overline{CD}$.

De esta forma resulta que $\overline{ED} = \overline{DF} = s - f$. Pero $\overline{AD}$ es la hipotenusa del triángulo rectángulo ACD, luego por el teorema de Pitágoras, su medida será $\overline{AD} = \sqrt{s^2 + f^2}$, de donde $\overline{AF} = \overline{AD} - \overline{FD} = \sqrt{s^2 + f^2} - (s - f)$ y puesto que $\overline{MH}$ es la mediatriz de $\overline{AF}$, se deduce que $\overline{AM} = \frac{1}{2}\overline{AF} = \frac{1}{2}\left[\sqrt{s^2 + f^2} - (s - f)\right]$.

Por otra parte los triángulos AMH y ACD son rectángulos que comparten el ángulo α, por lo que tendrían dos ángulos iguales, de lo que se deduce que serían semejantes. De la proporcionalidad que rige sus lados, obtendríamos que:

$$\frac{\overline{AM}}{\overline{AC}} = \frac{\overline{AH}}{\overline{AD}} \Rightarrow \frac{\frac{1}{2}\left[\sqrt{s^2 + f^2} - (s - f)\right]}{s} = \frac{\overline{AH}}{\sqrt{s^2 + f^2}}$$

$$\Rightarrow \overline{AH} = \frac{s^2 + f^2 - (s - f)\sqrt{s^2 + f^2}}{2s}$$

De esta forma, el centro H dista del punto medio de la luz

$$\overline{CH} = \overline{AC} - \overline{AH} = s - \frac{s^2 + f^2 - (s - f)\sqrt{s^2 + f^2}}{2s} = \frac{s^2 - f^2 + (s - f)\sqrt{s^2 + f^2}}{2s} \Rightarrow$$

$$\Rightarrow \boxed{\overline{CH} = \frac{(s - f)\left[s + f + \sqrt{s^2 + f^2}\right]}{2s}}$$

Para determinar el centro J, basta con observar que nuevamente hay una relación de semejanza entre los triángulos AMH y JHC, pues son rectángulos y tienen opuesto el ángulo β.

Puesto que la relación de semejanza entre triángulos es transitiva, JCH también es semejante a ACD, y nuevamente sus lados serán proporcionales:

$$\frac{\overline{CJ}}{\overline{CA}} = \frac{\overline{CH}}{\overline{CD}} \Rightarrow \frac{\overline{CJ}}{s} = \frac{\dfrac{(s-f)[s+f+\sqrt{s^2+f^2}]}{2s}}{f} \Rightarrow$$

$$\Rightarrow \boxed{\overline{CJ} = \frac{(s-f)[s+f+\sqrt{s^2+f^2}]}{2f}}$$

Claramente $\overline{CI}, = \overline{CH}$ con lo que hemos obtenido la posición de los tres centros en función del valor de la semiluz, así como de la flecha del arco.

Arco tetralobulado

Los arcos tetralobulados pertenecen a la familia de los llamados polilobulados, que se obtienen por la concatenación de arcos de circunferencias. Si tienen el mismo radio, se consideran tangentes entre ellas y su construcción puede realizarse a partir de los polígonos regulares.

Al observar el tabernáculo presente en la capilla mayor, a modo de marco que recoge distintos bajorrelieves, encontramos arcos con cuatro lóbulos o tetralobulados, y se obtienen por la yuxtaposición de otras tantas circunferencias, aunque no serán del mismo radio.

Ilustración 54: Arco tetralobulado en el tabernáculo

Para llevar a término su construcción, consideremos el rectángulo de vértices *ABCD* y denotaremos por *E* al punto donde se cortan sus dos diagonales $\overline{AC}$ y $\overline{BD}$. Puesto que las diagonales de un paralelogramo se cortan en su punto medio, al ser la figura de partida un rectángulo, el punto medio equidista de los vértices y será el centro de la circunferencia circunscrita al rectángulo. De ella nos interesan los arcos *AD* y *CB*, que se encuentran en la ilustración 54 marcados en color azul, y cuyo radio coincide con la mitad de la longitud de cualquiera de las diagonales.

Calculando los puntos medios de los lados $\overline{AB}$ y $\overline{CD}$, respectivamente nombrados por las letras *F* y *G*, encontramos los centros de las otras dos circunferencias, que en este caso se han señalado en color rojo y que tendrán por radio la mitad del lado menor del rectángulo de partida.

Tracería

Bajo esta denominación se amparan las decoraciones pétreas o en madera, tan características del gótico, que fueron empleadas de manera reiterativa en vidrieras, rosetones o barandillas. Cuando se aplican en los ventanales y las vidrieras se encuentran divididas por una columnilla, adoptan el nombre de ventanas geminadas o bíforas.

El ejemplo que tratamos es sin lugar a dudas la construcción más compleja de las expuestas hasta el momento, y que a la vez encierra mayores tintes matemáticos, razones que no se postulan como adalides suficientes para una ubicación donde se pudiera estimar con mayor detalle su belleza. Aunque es visible desde la plaza de la Catedral, el estado de conservación, la altura a la que se encuentra, junto con el enrejado que tiene, dificultan que podamos apreciar su vistosidad.

En cambio, es fácilmente reconocible, pues bajo la ventana que lo alberga se puede observar una inscripción. Esculpido en color rojo podemos leer el nombre del fundador del partido de ideología fascista Falange Española, José Antonio Primo de Rivera[35], así como los símbolos falangistas del yugo y las flechas que fueron apropiados de los Reyes Católicos. Una lectura detallada de la conocida como *Ley de Memoria Histórica (*Ley 52/2007 de

---

35 *Días contados para Primo de Rivera* titulaba el columnista de La Voz de Almería en un artículo en el que auguraba 2015 como la fecha en la que la inscripción podría ser retirada.

26 de diciembre) nos lleva al artículo 15, que hace referencia a los símbolos y documentos públicos. Sus dos primeros puntos, recogen:

1. «Las Administraciones públicas, en el ejercicio de sus competencias, tomarán las medidas oportunas para la retirada de escudos, insignias, placas y otros objetos o menciones conmemorativas de exaltación, personal o colectiva, de la sublevación militar, de la Guerra Civil y de la represión de la Dictadura. Entre estas medidas podrá incluirse la retirada de subvenciones o ayudas públicas.»

2. «Lo previsto en el apartado anterior no será de aplicación cuando las menciones sean de estricto recuerdo privado, sin exaltación de los enfrentados, o cuando concurran razones artísticas, arquitectónicas o artístico-religiosas protegidas por la ley.»

Ilustración 55: Ventana geminada con tracería en la fachada norte

Si la protección a la que se refiere el segundo punto es la razón para que no se retire una inscripción que se hizo a golpe de martillo, también debería amparar los atropellos que sufre el monumento. Sirva como ejemplo la creación de un acceso en la torre del campanario, cuando existe otra en la cara sur, teniendo que llevarse por delante los sillares originales, y colocando una puerta de un gusto cuando menos cuestionable, en pos de las visitas turísticas y la accesibilidad.

Justificada su difícil y controvertida observación desde el exterior, la entrada de luz hace que sus formas se tornen más definidas cuando desde la nave del Evangelio y en el tramo que ocupa la capilla mayor, alcemos la mirada. Observaremos que dentro de un semicírculo y sobre un diámetro, se encuentran otros dos, tangentes entre sí y de radio la mitad que el semicírculo donde se inscriben. Ocupando el espacio intermedio, se intuye un círculo completo que es tangente exterior a los dos semicírculos y tangente interior al semicírculo que lo alberga.

La determinación de uno de los radios es inmediata y vamos a detallar cómo se puede obtener el radio del círculo que se halla completo, empleando la notación que aparece en la ilustración 56, donde el radio dado es $\overline{HF}$ = R y el valor que buscamos es $\overline{GH}$ = r.

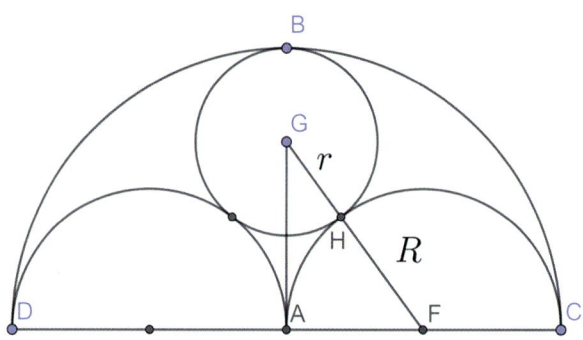

Ilustración 56: Elementos de la tracería

Dado que la recta tangente a una circunferencia forma un ángulo recto con el radio en el punto de tangencia, $\widehat{FAG}$ = 90º y el triángulo FAG es rectángulo. Aplicando el mismo razonamiento, los puntos G, H y F estarían alineados y por lo tanto la hipotenusa del triángulo vendrá dada por $\overline{FG}$ = $\overline{FH}$ + $\overline{HG}$ = $R + r$. Pero dado que $\overline{AB}$ = 2R debe ser $\overline{AG}$ = $\overline{AB}$ – $\overline{BG}$ = 2R – r. Aplicando entonces el teorema de Pitágoras en el triángulo FAG, para relacionar los radios R y r, se obtiene que:

$$\overline{FG}^2 = \overline{AF}^2 + \overline{AG}^2 \Rightarrow (R + r)^2 = R^2 + (2R - r)^2$$
$$\Rightarrow R^2 + 2Rr + r^2 = R^2 + 4R^2 - 4Rr + r^2 \Rightarrow 6Rr = 4R^2 \Rightarrow \boxed{r = \tfrac{2}{3}R}$$

Para terminar la construcción del arco, debemos inscribir en los semicírculos de radio menor, un lóbulo completo y dos medios, por lo que tendremos en primer lugar que determinar sobre qué figura regular construirlos. Puesto que los dos medios equivalen a un lóbulo que junto al completo harían dos lóbulos, el círculo completo albergaría entonces cuatro lóbulos, por lo que la figura regular de partida debe inexcusablemente ser un cuadrado.

Sea entonces *ABCD* el cuadrado de lado *l* oportuno y sobre cada uno de los vértices construimos una circunferencia de radio $\frac{l}{2}$. Claramente las cuatro circunferencias serán tangentes exteriores dos a dos, como muestra la ilustración 57. Al trazar la diagonal $\overline{BC}$, esta cortará a dos de las circunferencias en los puntos *I* y *L*. Si *M* es el punto medio entre *B* y *C*, también lo será entre *I* y *J*, por lo que constituye el centro de la circunferencia de radio $\overline{MI}$ que circunscribe a las cuatro circunferencias erigidas sobre los vértices del cuadrado, y además por el proceso seguido, serán tangentes interiores a la circunferencia de radio $\overline{MI}$.

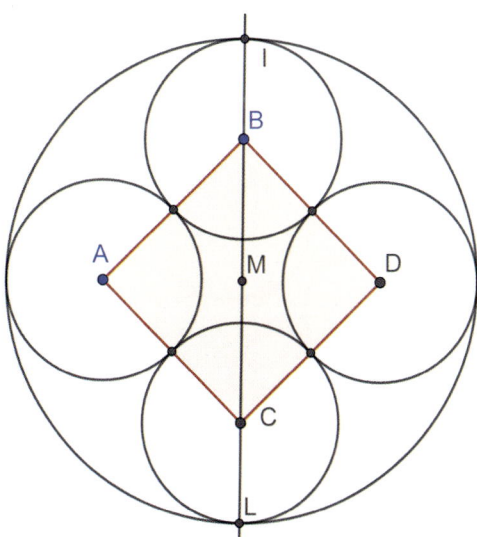

Ilustración 57: Construcción geométrica de las circunferencias con radio menor

Pero la construcción geométrica no nos da una relación aritmética entre el lado del cuadrado y los radios de las distintas circunferencias, por lo que abordamos su obtención. Sean entonces s y R los radios de las circunferencias, con $s < R$. El lado del cuadrado vendrá dado por $\overline{AB} = 2s$, de donde la medida de la diagonal es:

$$\overline{BC} = \sqrt{(2s)^2 + (2s)^2} = 2\sqrt{2}s$$

De esta forma el radio

$$\overline{MI} = \overline{MB} + \overline{BI} = \frac{\overline{BC}}{2} + s = (1 + \sqrt{2})s \Rightarrow R = (1 + \sqrt{2})s$$

Es decir, que la relación entre los radios de las circunferencias, se expresan en términos del número de plata, o algebraicamente

$$\boxed{R = \delta s}$$

En un sentido práctico, el valor de R nos vendrá dado, por lo que al despejar de la relación anterior y recordando la expresión para el inverso del número de plata, tenemos:

$$\boxed{s = \frac{R}{\delta} = (\delta - 2)R}$$

que nos proporciona el radio de los lóbulos en función del radio del semicírculo donde se encuentran inscritos, lo que permite completar la composición de los arcos que forman la ventana y que viene representada por la ilustración 58.

Ilustración 58: Composición de arcos trilobulados

7

Las bóvedas de crucería

Si un Dios crea un mundo de partículas y de ondas, bailando en
obediencia con las leyes matemáticas y físicas... ¿Quiénes somos
nosotros para decir que él no puede hacer uso esas leyes para cubrir la superficie de un planeta pequeño con criaturas vivas?

MARTIN GARDNER (1914-2010)

Las construcciones desde la Antigüedad, se habían realizado con techumbres planas o a dos aguas. Grandes bloques pétreos como los empleados
en los dólmenes que se esparcen por la geografía española (en particular
por sus dimensiones son más que reseñables los de Antequera[36]) permitían cerrar superiormente los espacios. Las teorías sobre las técnicas para
entender cómo se podían desplazar tales colosos de varias toneladas hasta
situarlos en la cubierta de la construcción, no están totalmente unificadas,
pero en lo que todas convergen, es en la gran cantidad de recursos huma-
nos necesarios para tal empresa.

La revolución que trajo consigo el Imperio romano, no solo afectó a los
usos, costumbres o a la lengua, sino que alteró de manera radical la forma
de vida de las personas, creando grandes urbes cuyas necesidades eran
insaciables.

La ingeniería romana desarrolló importantes prodigios entre los que
destacarían sobremanera los referidos al ámbito hidráulico, permitiendo
transportar el líquido elemento desde manantiales distantes, y del que
buenos ejemplos son los vistosos acueductos. El divertimento del pueblo
mediante los espectáculos públicos, requería la existencia de unos espacios
proporcionales a la población residente. Para permitir la visión del mayor
número de espectadores posible, se utilizaban gradas, cuyos accesos o vo-

---

36 En El Sitio de los Dólmenes de Antequera, considerado por la UNESCO como Patri-
    monio Mundial, destaca el de Menga, cubierto por losas de piedra que alcanzan las 180
    toneladas.

mitorios, eran el final de galerías que discurrían bajo la plataforma que albergaba el graderío del conjunto.

A diferencia de otras culturas más antiguas, en la que los arcos son casi inexistentes, los romanos comenzaron a construirlos con profusión. Fundamentalmente emplearon el de medio punto, bóvedas con estructuras de medio punto (también llamadas bóveda de cañón que eran las utilizadas en los teatros y anfiteatros) o semiesféricas, lo que supuso un gran avance respecto a los paramentos planos, permitiendo vanos mucho más ambiciosos en anchura, que facilitaban el tránsito de un elevado número de usuarios, a la vez que disminuían los esfuerzos sobre la construcción, mejorando la distribución de las cargas que tenían que soportar.

Al margen de la sempiterna piedra que no cayó en desuso, el Imperio romano desarrolló el *opus caementicium*[37], u hormigón romano, que en sus varias composiciones permitía desarrollar construcciones hasta dentro del agua. Para darle forma era preciso encofrar la estructura, al igual que ocurre hoy en día, aunque la diferencia fundamental estriba en que el hormigón que actualmente se emplea, incluye en su interior barras de hierro formando entramados que le confieren mayor resistencia, y que se denomina hormigón armado.

La fiabilidad del *opus caementicium*, está a prueba de toda duda y su empleo en una estructura como la cúpula del panteón de Agripa con más de 43 m de altura, sigue desafiando a la gravedad desde el s. II d. C. Por desgracia, el conocimiento de la fórmula y la elaboración exacta del hormigón romano no ha llegado hasta nuestros días, perdiéndose con el devenir del tiempo.

El testigo constructivo es recogido durante la Edad Media por el estilo románico, con el que los arquitectos comienzan a tener más conciencia de las posibilidades que tienen los arcos y las bóvedas, permitiendo agrandar los espacios y aumentar la esbeltez de las construcciones. Pero sin duda

---

37 El hormigón romano era un mortero hecho con todo tipo de guijarros, que podían ser sustituidos por escombros provenientes de algún derribo, así como áridos de origen volcánico, al que se le añadía yeso o cal. Vitruvio (1997, 62) afirma: «Encontramos también una clase de polvo que encierra verdaderas maravillas, de un modo natural. Se da en la región de Bayas, en las comarcas de los municipios situados cerca del volcán Vesubio. Mezclado con cal y piedra tosca, ofrece una gran solidez a los edificios e incluso en las construcciones que se hacen bajo el mar, pues se consolida bajo el agua.»

alguna, la Ciencia y la experimentación permitieron notables avances en la técnica, llegando a las columnas y techumbres nervadas, que continuaron con la idea de alejar cada vez más las construcciones del suelo, compitiendo como actualmente ocurre, para conseguir el edificio más alto.

Hasta la introducción de la arquitectura del hierro (en los estertores del s. XVIII donde se empleaba el que provenía de la fundición que es más quebradizo) o su avance hacia el empleo del acero, los edificios más esbeltos eran sin lugar a dudas los templos góticos, siendo visibles desde cualquier punto de una ciudad. Con la terminología moderna, las iglesias y catedrales constituían los rascacielos de su tiempo.

En cuanto a las nervaduras y bóvedas de crucería, la maestría de los canteros y el gusto en el diseño, hacen que mirar hacia el techo sea todo un espectáculo para los sentidos. En la misma línea que con los arcos, estudiaremos la geometría subyacente en ellos, lo que nos permitirá entender cómo se crearon y por qué adoptan esas caprichosas formas, que al ojo profano le pueden parecer simples elementos de ornato.

Los arcos de medio punto generan bóvedas de cañón, mientras que la intersección de dos de estas bóvedas perpendiculares, crean la llamada bóveda de arista, rigiendo sendas elipses los puntos de corte entre las superficies.

El mismo concepto lo podemos extender a los arcos ojivales, obteniendo entonces una bóveda apuntada y la intersección de dos de ellas perpendiculares, nos aporta el objeto de nuestro estudio. Las bóvedas de crucería o nervadas que caracterizan las construcciones góticas, presentan soportes en sus aristas y la evolución del arte y la técnica, hicieron transitar las primeras bóvedas de crucería, hasta complejos entramados como las denominadas tracerías o las bóvedas estrelladas. Como veremos, el gótico flamígero imprimió el gusto por las complejas y variadas bóvedas que se encuentran presentes en la Catedral almeriense.

La coexistencia de las bóvedas de crucería con otras techumbres, como las bóvedas de cañón albergadas en las capillas de la nave de la Epístola, o la mezcla de estas con secciones esféricas[38] en las capillas de la Piedad y san Indalecio, formando parte del ábside, nos indican el cambio de tendencia. Es pues la transición del gótico al estilo renacentista que se lleva a cabo de

---

38   Las secciones esféricas son cuartos de esferas, también llamadas bóvedas de horno.

mano del arquitecto Juan de Orea, a quien también le debemos la profusa decoración de la linterna del crucero.

Desde el punto de vista matemático, la bóveda de cañón es una superficie reglada que surge al desplazar una recta, llamada generatriz, mientras se apoya sobre una semicircunferencia, denominada directriz, siendo perpendicular al plano que contiene a la semicircunferencia. Claramente, las bóvedas de crucería también son regladas, aunque hay que recurrir a dos arcos de circunferencia. Por su parte, las bóvedas esféricas son superficies de revolución no regladas cuya obtención pasa por hacer girar un cuadrante de circunferencia, que será la generatriz, en torno a uno de sus diámetros. Las tres bóvedas estarán por lo tanto plenamente determinadas al conocer el radio de la directriz y el centro, así como el radio y el centro de la esfera generatriz.

Aunque su construcción y la decoración presente en ellas, podría dar lugar a un estudio que se escinda de las bóvedas de crucería, tanto por la cantidad de elementos matemáticos que subyacen, como por la plasticidad visual que imprimen al templo, nos centraremos en las bóvedas de crucería.

Altura de las bóvedas

La planta de salón tan característica[39] del s. XVI imprime una homogeneidad en la altura, a excepción de la linterna del crucero. Nuevamente la impronta de Juan de Orea se observa en la decoración de los capiteles de las columnas, bien engalanados con hojas de acanto en las parejas que sostienen la nave central, bien con grutescos en los laterales. Una medición hasta la cornisa donde finalizan, nos arroja una medida de 11,26 m, lo que nos indica que mantiene las dimensiones del tramo de la nave central[40]. Al observar la bóveda, el punto más alto se encuentra situado a 16,718 m y la razón de dichos números es:

$$\frac{16.718}{11,26} \cong 1.485$$

---

39 «En el siglo XVI, en España, son pocas las iglesias parroquiales que no hayan sido concebidas como iglesia salón de tres naves.» (HUERTA, 1990, 106)

40 Y redunda en la idea del cuadrado que en las portadas ocupan los espacios inferior y medio, como pudimos plasmar en el capítulo 4, coincidiendo la cornisa que podemos observar en el interior del templo, con la parte superior del segundo espacio de las portadas.

Y el porcentaje de error relativo al compararlo con la proporción sesquiáltera, es de un orden similar a lo que ocurría en el capítulo 5 cuando hablábamos de la planta:

$$100\delta_{3/2} = 100\,\frac{|\frac{3}{2}-1.485|}{3/2} = 1\,\%$$

Para el dimensionamiento de los pilares, Simón García recoge de Rodrigo Gil de Hontañón la siguiente regla práctica (García, 1681, 17 r):

«Pues bolbiendo a tratar de la groseza de los pilares digo, que se tomen los pies que tienen por el ancho la nave maior que son 40 y 30 que tiene la capilla de avajo, y súmense y serán 70, junto con estos 70 lo que a de subir esta columna, que son 40 pies[41], y serán 110, la raíz quadrada de 110 serán 10 y 10/21 abos. Su mitad son 5, 5/21 abos, tanto tenga de diámetro la tal columna por la parte de abajo, y esto es lo mas cercano a raçon.»

Nuestra moderna notación algebraica, puede universalizar la regla mostrada por Simón García, en los siguientes términos:

$$D = \frac{\sqrt{C + L + A}}{2}$$

donde expresados en las mismas unidades, denotamos por:

- C = Anchura de la nave central.
- L = Anchura de las naves laterales.
- A = Altura de las columnas, hasta el comienzo de los arcos.
- D = Diámetro de los pilares en su base.

Asumiendo que los pilares forman un octógono regular, este podría inscribirse en una circunferencia, cuyo diámetro D es el que buscamos[42]. Si el lado del octógono mide 0,92 m y le corresponde un ángulo central de 45°, podemos relacionarlo con D mediante el teorema de los senos:

$$\frac{D/2}{\text{sen } 62,5°} = \frac{0,92}{\text{sen } 45°}$$

---

41 Nótese cómo la altura de los pilares en el ejemplo de Simón García, coincide con el ancho de la nave central, al igual que ocurre en la catedral almeriense, lo que refuerza una vez más la idea expuesta en el capítulo 5 sobre el origen de las trazas.

42 Según Huerta (1990, 111): «Dado que en esta época los pilares suelen ser cilíndricos este es el parámetro más representativo.»

De donde el valor del diámetro de los pilares, sería:

$$D = 2 \cdot \frac{0,92 \cdot \text{sen } 62,5°}{\text{sen } 45°} \cong 2,31 \ m$$

Al compararlo con la expresión para el diámetro que propone Simón García, considerando los valores $C = A = 11,26$ m y $L = 7,27$ m, se tiene $D' \cong 2,73$ m. De esta forma, el porcentaje de error relativo al tomar D en vez de D' sería esta vez:

$$100\delta = 100\frac{|2,73 - 2,31|}{2,73} \cong 15,38 \ \%$$

La discrepancia de valores nos hace pensar que o bien las dimensiones de los pilares no se ajustan a la regla práctica o bien que las últimas solerías escondan una basa para los pilares sustancialmente mayor que la que se percibe a simple vista.

Para situar los conceptos precedentes, al igual que hicimos en el capítulo anterior al referirnos a los elementos que componían los arcos, vamos a definir las distintas partes de una bóveda de crucería en su versión más intrincada:

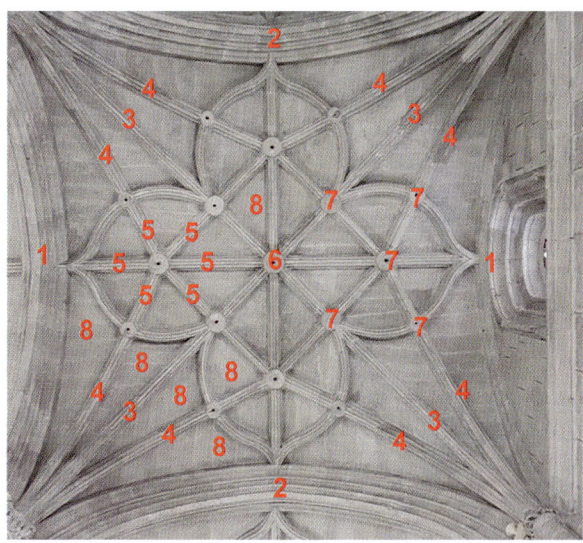

Ilustración 59: Partes de una bóveda de crucería

- Arco formero (1): ojival que discurre paralelo al eje de las naves, en dirección este-oeste.

- Arco perpiaño (2): ojival que es perpendicular al eje de las naves, en dirección norte-sur.
- Nervio (3): intersección de dos bóvedas apuntadas.
- Tercelete (4): parte de la tracería cuyo arranque, al igual que los nervios, se produce en la columna, pero sin llegar al centro de la bóveda.
- Ligadura (5): cada uno de los segmentos que unen nervios y terceletes. Cuando adoptan formas curvadas, se les llama combados.
- Clave (6): pieza central donde convergen los nervios.
- Clave secundaria (7): encuentro entre terceletes, nervios y ligaduras.
- Plemento o plementería (8): Espacio intermedio que cubre la superficie entre nervios, terceletes y ligaduras.

Para crear una bóveda de crucería, es necesario el replanteo mediante su proyección plana, así como disponer de los planos de alzado y perfil. El uso de cimbras, unas estructuras de madera que se adapten a la curvatura deseada, permiten ir colocando las dovelas de los arcos formeros, perpiaños y nervios, hasta llegar a la clave, que cierra el conjunto. Las decoraciones interiores, se realizan mediante los terceletes y las ligaduras que entroncarán en claves secundarias.

El final del gótico se caracterizará por la presencia de combados con los que se alcanza una maestría en los diseños que tendrán sus máximos exponentes en las bóvedas de crucería estrelladas. En ellas se emplearán de forma recurrente los polilóbulos, y de manera reiterativa los llamados cuadrifolios que se encuentran rematados, en el caso de la Catedral de Almería, por arcos conopiales.

Según estudiamos al tratar los arcos ojivales, dados como parámetros la luz y la flecha del arco, el radio y los centros se encuentran plenamente determinados. De esta forma, se puede uniformizar el radio necesario para la construcción de las dovelas con el consiguiente ahorro de tiempo a los canteros, haciendo que una misma pieza sirva en ubicaciones distintas, y que con unas dimensiones razonables sean más fáciles de manipular y establecer en su posición dentro de la bóveda. Con posterioridad, se rellenan los espacios intermedios con la plementería, pudiendo descimbrar todo el conjunto, quedando completamente terminada la bóveda de crucería que cubre el tramo de la nave.

Clasificación de las bóvedas

Hay distintas formas de clasificar las bóvedas de crucería, por ejemplo, atendiendo a la naturaleza de su planta o al entramado que la conforma. Puesto que con planta cuadrada tenemos composiciones diferentes, parece lógico no emplear este criterio y tomar en consideración la estructura de las nervaduras, evitando confusiones.

La ilustración 60 muestra los ocho tipos de bóvedas de crucería presentes en el interior del templo, de las que son significativamente distintas las que se encuentran marcadas con los números desde el uno hasta el seis. Las que están señaladas con los números siete y ocho, se pueden considerar como contracciones de la cuatro y la cinco. La dificultad del acceso a la capilla mayor, imposibilita un estudio más allá de la subjetividad, pudiendo suponer que es un caso más general de la bóveda número cuatro.

Los razonamientos anteriormente expuestos, motivan que centremos nuestro objetivo en la construcción de las cinco primeras.

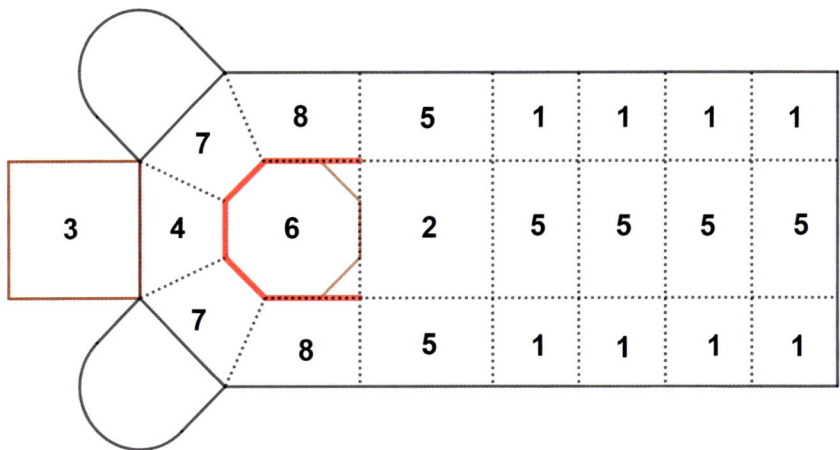

Ilustración 60: Clasificación de las bóvedas de crucería en la Catedral de Almería

Bóveda 1

Es de planta cuadrada y su tipología la encontramos en las naves del Evangelio y la Epístola, antes de llegar al transepto. Para recrearla, seguimos el siguiente orden de construcción:

Primer paso

Consideremos un cuadrado *ABCD* al que le hemos trazado sus cuatro ejes de simetría, esto es, las diagonales $\overline{AC}$ y $\overline{BD}$, que formarán los nervios, así como las rectas $\overline{EI}$ y $\overline{HJ}$ que unen los puntos medios de los lados paralelos. Todas ellas concurren en la clave marcada con el punto *G* y que constituye el centro de gravedad del cuadrado.

A continuación, unimos cada vértice del cuadrado con los puntos medios de los lados que no lo contienen, y se cortarán dos a dos en los puntos que a continuación se describen con las rectas citadas:

$$F = \overline{DH} \cap \overline{CJ} \; ; \; L = \overline{AH} \cap \overline{BJ} \; ; \; K = \overline{BI} \cap \overline{CE} \; ; \; M = \overline{DE} \cap \overline{AI}$$

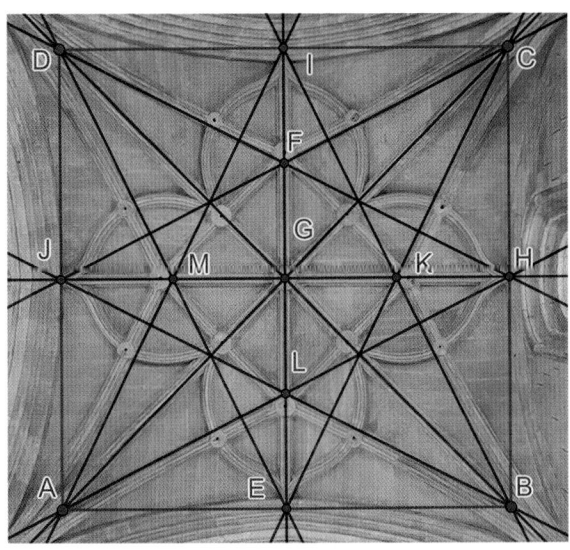

Ilustración 61: Primer paso de la bóveda 1

Segundo paso

Observando la construcción, resulta que los triángulos *ABH* y *AEL* son semejantes, pues se encuentran en posición de Tales, con razón de semejanza ½. Por simetría $\overline{IF} = \overline{EL}$, con lo que el segmento $\overline{LF}$ mide la mitad del lado del cuadrado *ABCD*. Pero esta medida también coincide con $\overline{MK}$ y por ser segmentos perpendiculares de la misma medida que se cortan en su punto medio, el cuadrilátero *KFML* es un cuadrado.

Podemos observar que todas estas primeras claves secundarias están situadas sobre los lados del cuadrado *KFML*, bien ocupando la posición de sus vértices o bien son los puntos medios de sus lados (*P*, *Q*, *R* o *S*) como muestra la ilustración 62.

Sean *T* y *V* los puntos medios de los segmentos $\overline{DJ}$ y $\overline{AE}$, respectivamente, así como *U* el punto medio del segmento $\overline{DT}$. Trazamos la circunferencia de centro *M* y radio $\overline{MP}$, que corta a la recta $\overline{UV}$ en el punto *Z*, considerando en exclusiva el arco *PZ*.

Finalmente, calculamos la mediatriz del segmento $\overline{JZ}$, que corta al lado $\overline{AD}$ el punto *X*, siendo éste el centro del arco de circunferencia de radio $\overline{JX}$ cuyos extremos serán los puntos *J* y *Z*.

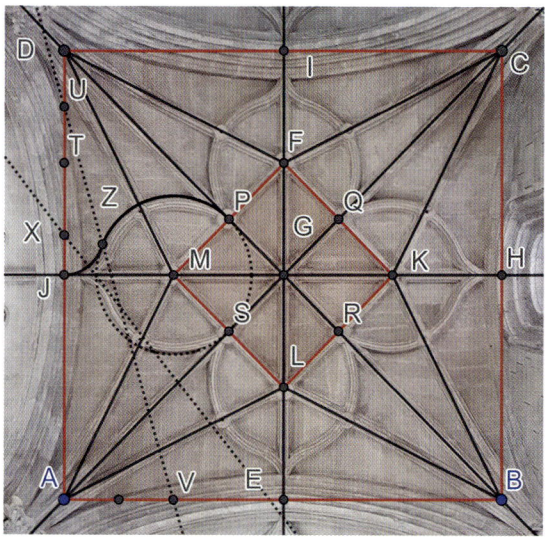

Ilustración 62: Segundo paso de la bóveda 1

Tercer paso

Considerando los cuatro ejes de simetría del cuadrado, podemos llevar a cabo simetrías axiales trasladando los puntos *J*, *Z* y *X* y trazando los correspondientes arcos de circunferencia, lo que concluye el diseño de la bóveda, como se puede apreciar en la ilustración 63.

Ilustración 63: Bóveda 1 finalizada

Bóveda 2

Se encuentra ocupando el espacio del crucero y albergando la linterna. Aunque es similar a la anterior, y poseen el mismo número de claves secundarias, se aprecia que los nervios están decorados, así como que las ligaduras centrales son curvas, adoptando el nombre de combados. Sus vértices constituyen un octógono con ángulos centrales de 45°, aunque no es regular, ya que ni los lados ni los ángulos del polígono son iguales, hecho que a simple vista se distingue, llamando la atención la presencia de un polígono irregular.

Esos matices son el motivo fundamental de la complejidad de la construcción, que volveremos a realizar con detenimiento y que, sin la ayuda de las herramientas geométricas, sería una ardua tarea.

Primer paso

Partimos de un cuadrado de vértices *ABCD*, al que le situamos los puntos medios de los lados (*E, F, H* e *I*) y le trazamos sus ejes de simetría que son concurrentes en el centro del cuadrado *G*. Uniendo cada vértice con los puntos medios de los lados del cuadrado que no los contienen, al cortarse tales rectas con los ejes de simetría, se obtienen los ocho puntos que determinan los vértices del octógono, a diferencia del cuadrado que surge de la construcción de la bóveda 1. Esto es:

$$L = \overline{DE} \cap \overline{AH} \, ; \, M = \overline{DB} \cap \overline{AH} \, ; \, N = \overline{DF} \cap \overline{HE} \, ; \, O = \overline{DF} \cap \overline{AC}$$
$$P = \overline{HB} \cap \overline{IF} \, ; \, Q = \overline{CE} \cap \overline{BD} \, ; \, J = \overline{AF} \cap \overline{EH} \, ; \, K = \overline{IB} \cap \overline{AC}$$

Ilustración 64: Primer paso de la bóveda 2

Segundo paso

Por la simetría que hemos mantenido en la construcción, los puntos M y O distan lo mismo de la recta $\overline{FI}$, por lo que la recta $\overline{MO}$ será paralela a $\overline{FI}$ y perpendicular a los lados $\overline{AD}$ y $\overline{BC}$. Al trazar la recta $\overline{MO}$ corta en los puntos R y S a las rectas $\overline{DE}$ y $\overline{CE}$, respectivamente. Puesto que la bóveda admite una simetría de giro con centro en G y ángulo de 90°, podemos por el mismo procedimiento anteriormente descrito, obtener el restos de las claves secundarias[43], y en particular U y V.

---

43 Al margen de parecidos razonables, las bóvedas 1 y 2 tienen cada una de ellas 17 claves (16 secundarias más la clave central).

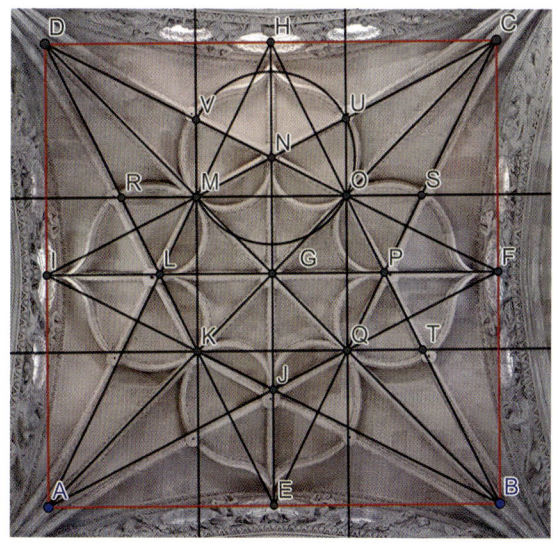

Ilustración 65: Localización de las claves secundarias en la bóveda 2

Tercer paso

Para averiguar el centro del arco de circunferencia *MN*, este debe pertenecer a la mediatriz de la cuerda. Pero puesto que las circunferencias que contienen a los arcos *MN* y *NO* son tangentes en el punto *N*, los radios deben ser perpendiculares en *N* a la recta tangente $\overline{EH}$. De ahí que el centro *W* de la circunferencia que contiene al arco *MN*, será la intersección de la mediatriz del segmento $\overline{MN}$ con la recta perpendicular a $\overline{EH}$ en *N*.

Como muestra la ilustración 66, debemos obtener el punto medio del segmento $\overline{VH}$, que notaremos por *Z* y haciendo centro en *N* y con radio $\overline{MN}$, trazar el arco de circunferencia desde *M* hasta *Z*. Finalmente, al establecer la perpendicular[44] por *Z* al lado $\overline{CD}$, se obtiene el centro de la circunferencia que contiene al arco *ZH*.

Una vez conseguidos los arcos, bastará con ir realizando sucesivas simetrías axiales respecto de los ejes de simetría del cuadrado, para completar el esbozo de la planta de la bóveda del crucero, representada en la ilustración 67.

---

44 Nótese que alternativamente, también se podría haber calculado la mediatriz del segmento $\overline{ZH}$ y ver su intersección con el lado $\overline{CD}$.

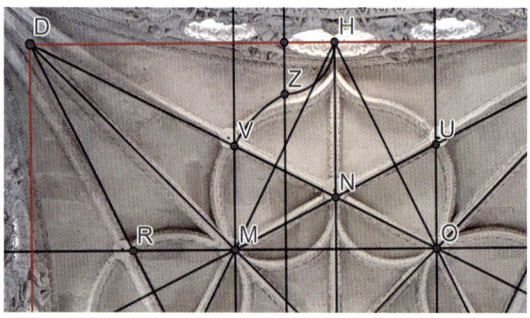

Ilustración 66: Combados en la bóveda del crucero

Ilustración 67: Bóveda del crucero finalizada

Una de las mayores dificultades encontradas en la confección geométrica de esta bóveda de crucería, radica en la obtención del centro de la circunferencia que contiene el arco MN, pues las rectas que determinan su centro, no pasan por la intersección de ninguna de las claves, como se puede apreciar en la ilustración 66, lo que constituye una peculiaridad respecto del resto de composiciones que estudiamos.

Para ver la posición de la misma con respecto a los lados del cuadrado y de su centro, consideremos un cuadrado $ABCD$ (que correspondería con un cuarto del cuadrado de la bóveda) de lado l, al que le trazamos la diagonal $\overline{AC}$. Si E es el punto medio del lado $\overline{BC}$, dibujamos las rectas $\overline{AE}$ y $\overline{DE}$, siendo H el punto donde se intersecan las rectas $\overline{DE}$ y $\overline{AC}$.

Si X es el punto medio del segmento $\overline{EH}$, al trazar por él su mediatriz, sean Y y Z los puntos de corte con los lados $\overline{AB}$ y $\overline{BC}$ respectivamente, como muestra la ilustración 68:

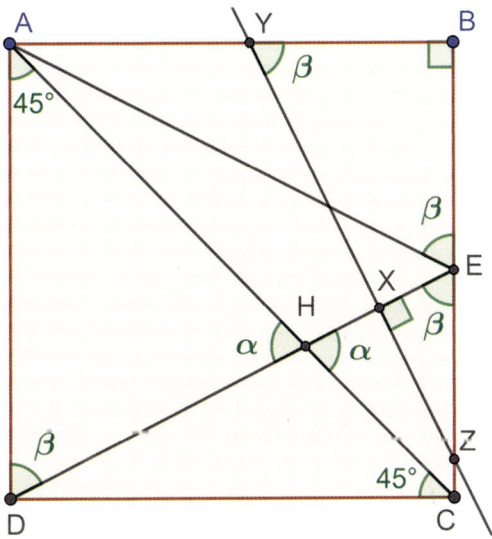

Ilustración 68: Obtención del centro del arco MN

Puesto que los triángulos ADC y DEC son rectángulos, podemos mediante el teorema de Pitágoras, obtener el valor de sus hipotenusas, esto es, $\overline{AC} = \sqrt{2}l$ y $\overline{DE} = \frac{\sqrt{5}}{2}l$.

Los triángulos ADH y CEH son semejantes (pues tienen un ángulo de 45° y comparten el ángulo α por ser opuestos por el vértice), por lo que su razón de semejanza es $\frac{\overline{AD}}{\overline{CE}} = \frac{l}{l/2} = 2$, luego $\overline{DH} = 2\overline{HE}$ y de la relación entre segmentos, se obtiene:

$$\overline{DE} = \frac{\sqrt{5}}{2}l = \overline{DH} + \overline{EH} = 3\overline{EH} \Rightarrow \overline{EH} = \frac{\sqrt{5}}{6}l$$

De forma análoga se obtiene que $\overline{HC} = \frac{1}{3}\overline{AC} = \frac{\sqrt{2}}{3}l$. Al detenernos sobre la mediatriz del segmento $\overline{HE}$, observamos que los triángulos EXZ y EBA

son semejantes, pues ambos son rectángulos y comparten el ángulo agudo β. Calculando su razón de semejanza:

$$\frac{\overline{BE}}{\overline{XE}} = \frac{\frac{l}{2}}{\frac{\sqrt{5}}{12}l} = \frac{12}{2\sqrt{5}} = \frac{6}{\sqrt{5}} = \frac{6\sqrt{5}}{5}$$

De esta forma

$$\overline{XZ} = \frac{l}{\frac{6}{\sqrt{5}}} = \frac{\sqrt{5}}{6}l \; ; \; \overline{EZ} = \frac{\frac{\sqrt{5}}{2}l}{\frac{6\sqrt{5}}{5}} = \frac{5}{12}l$$

Con lo que $\overline{BZ} = \overline{BE} + \overline{EZ} = \frac{l}{2} + \frac{5}{12}l = \frac{11}{12}l$.

También los triángulos ABE y ZBY son semejantes, pues tienen dos ángulos iguales, de donde se sigue que:

$$\frac{\overline{AB}}{\overline{BZ}} = \frac{\overline{BE}}{\overline{BY}} \Rightarrow \frac{l}{\frac{11}{12}l} = \frac{\frac{l}{2}}{\overline{BY}} \Rightarrow \boxed{\overline{BY} = \frac{11}{24}l}$$

Finalmente, ya estamos en disposición de calcular la otra distancia buscada:

$$\overline{CZ} = \overline{BC} - \overline{BZ} = l - \frac{11}{12}l = \frac{1}{12}l \Rightarrow \boxed{\overline{CZ} = \frac{1}{12}l}$$

Bóveda 3

Situada en la capilla del Cristo de la Escucha y cubriendo el sepulcro de Villalán, encontramos la bóveda de crucería por excelencia de la Catedral, sirviendo como logotipo de la página web del templo. Su traza es signo inequívoco del gótico flamígero, donde las tramas se complican dando lugar a esta bóveda estrellada con numerosos combados y ligaduras que convergen en 24 claves menores. Así, la bóveda que pasaremos a estudiar cuenta con un total de 25 claves, estando la plementería de la estrella decorada profusamente con tres tipos de motivos geométricos, como la *vesica piscis*, los astroides[45] o las filigranas circulares. Resulta llamativo el

---

45 Un astroide es un tipo de hipocicloide, que describe el movimiento de un punto de una circunferencia, cuando rueda dentro de otra que tenga cuatro veces el radio de la primera. La *licencia* lingüística y matemática para referirse a la figura, no debe llevar

gusto del diseño, donde el astroide contiene a la *vesica piscis* y viceversa, quizá rememorando el cielo (simbolizado por la cúpula) y las estrellas (representadas por los astroides) con la presencia del símbolo que distinguía a los antiguos cristianos (la *vesica piscis*).

Primer paso

Puesto que la planta al ascender se transforma en un octógono regular, denotemos sus vértices por A_i con $i \in \{0, 2, ..., 7\}$. Trabajando en el conjunto $\mathbb{Z}_8$, en el que cada número entero se representará por el resto su división entre 8, trazamos las diagonales $A_i A_{i+3}$, $A_i A_{i+4}$, $A_i A_{i+5}$, donde al igual que antes, el contador $i \in \{0, 2, ..., 7\}$. Estas 12 diagonales se cortarán en los 8 puntos que aparecen en la ilustración coloreados en rojo y que constituyen el primer nivel de claves secundarias. Además, y para identificar figuras semejantes, las claves ocupan también los vértices de un octógono regular, cuyos lados se han señalado en color azul.

Ilustración 69: Primer paso de la construcción de la bóveda
de la capilla del Cristo de la Escucha

---

al lector a confundir ambas curvas, que siendo analíticamente distintas, tienen una morfología parecida.

Segundo paso

Trazamos desde cada vértice del octógono con borde azul obtenido en el paso anterior, todas las diagonales, que se cortan en otro grupo de 16 claves secundarias, así como en la clave que ocupa el centro de la bóveda. Las claves secundarias conforman los vértices de un polígono estrellado de 16 lados, señalados en color azul en la ilustración 70.

Ilustración 70: Segundo paso de la construcción de la bóveda de la capilla del Cristo de la Escucha

Tercer paso

Para hallar los centros de las circunferencias que determinan los arcos que conforman los combados exteriores, basta con observar el octógono obtenido en el primer paso. Si desde un vértice trazamos la diagonal que pasa por el centro del octógono, el centro del combado será el corte de esta diagonal con la que une los vértices adyacentes.

Para fijar ideas y usando la notación empleada en la ilustración 71, el centro del arco ZUW es el punto $O = \overline{TU} \cap \overline{MN}$ y ambos se han señalado en color rojo, así como las diagonales que aparecen involucradas, en azul. Puesto que los triángulos MNT y MNU son iguales, O es necesariamente el punto medio del segmento $\overline{MN}$, observación que evita en el resto de centros, tener que trazar más diagonales, ofreciendo una solución alternativa a la planteada.

Ilustración 71: Determinación de los centros de los combados exteriores

Solo resta encontrar los centros de los combados interiores de la bóveda. Sean pues G el centro de la bóveda y U una de las claves obtenidas en el paso anterior, que constituye uno de los extremos de los dos combados que terminan en G. Calculando la mediatriz del segmento $\overline{GU}$, observamos que el arco UP es el simétrico del UZ respecto de la recta $\overline{UW}$, que denominamos C_1. Para el centro del arco PG y volviendo a calcular su mediatriz, comprobamos que se encuentra en el punto C_2. Marcados en rojo y azul, se encuentran los dos centros de los arcos que determinan el combado UG y en los mismos colores, respectivamente, los arcos, como se puede apreciar en la ilustración 72.

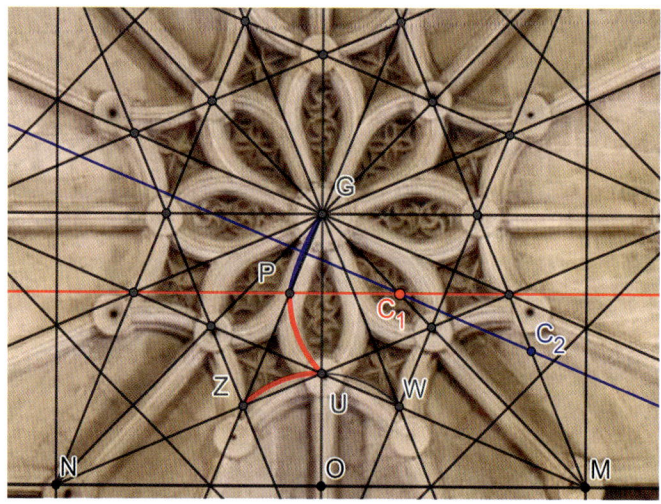

Ilustración 72: Determinación de los centros de los combados interiores

Haciendo sucesivas simetrías axiales respecto de las rectas que pasan por el centro G de la bóveda, se obtienen el resto de combados y la imagen del conjunto una vez completado, puede contemplarse en la ilustración 73.

Ilustración 73: Bóveda estrellada en la capilla del Cristo de la Escucha

Bóveda 4

Es la que ocupa el espacio entre la capilla mayor y la del Cristo de la Escucha. Presenta 8 claves secundarias dispuestas entre combados que son arcos de una misma circunferencia con centro en la clave de la bóveda, si bien hay que advertir que el ángulo central correspondiente a cada arco, no es el mismo en todos los casos. Para su recreación es crucial tener en cuenta que el lado de la capilla mayor y el del Cristo de la Escucha estaban en la proporción que establecía el número de plata.

Primer paso

Construimos un trapecio isósceles $ABCD$, de manera que $\delta \cdot \overline{CD} = \overline{AB}$ y cuya altura es el largo del tramo. Trazamos la recta perpendicular al lado $\overline{AB}$ y que pasa por E y H, puntos medios de los lados paralelos $\overline{CD}$ y $\overline{AB}$, respectivamente.

Si denotamos por G al punto medio del segmento $\overline{EH}$, podemos trazar la perpendicular a EH por G, cortando a los lados no paralelos del trapecio en los puntos I y J. Obteniendo ahora el punto medio del segmento $\overline{EG}$, que notaremos por F y tomando como radio la medida $\overline{FG}$, se puede trazar la circunferencia de centro G.

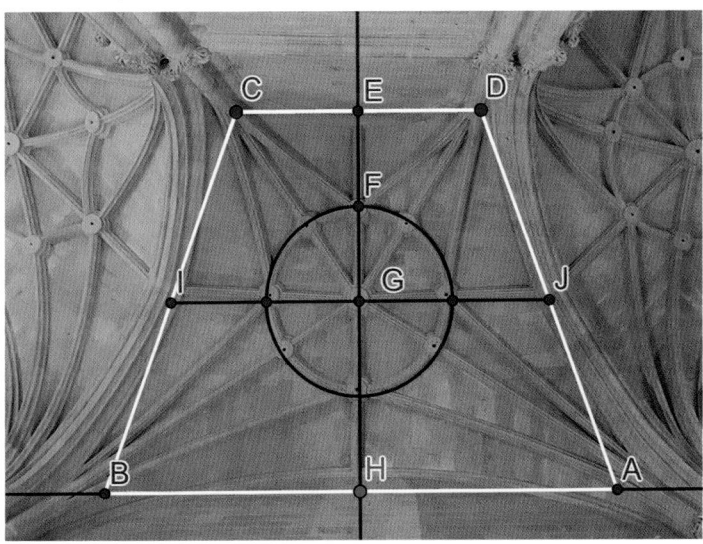

Ilustración 74: Primer paso de la construcción de la bóveda 4

Segundo paso

Para el resto de la crucería, unimos los vértices del trapecio con su centro *G*, obteniendo las claves *L*, *K*, *W* y *Z*. Podemos también averiguar el resto de claves secundarias obteniendo los puntos de corte de la circunferencia con las rectas $\overline{EH}$ e $\overline{IJ}$, denotados por las letras *F*, *U*, *M* y *T*.

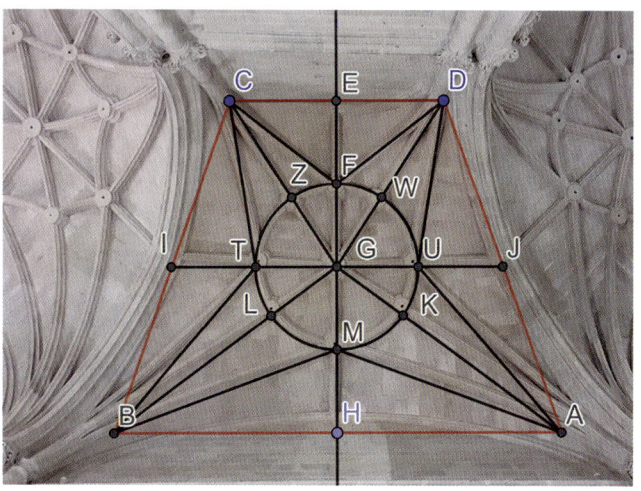

Ilustración 75: Segundo paso de la construcción de la bóveda 4

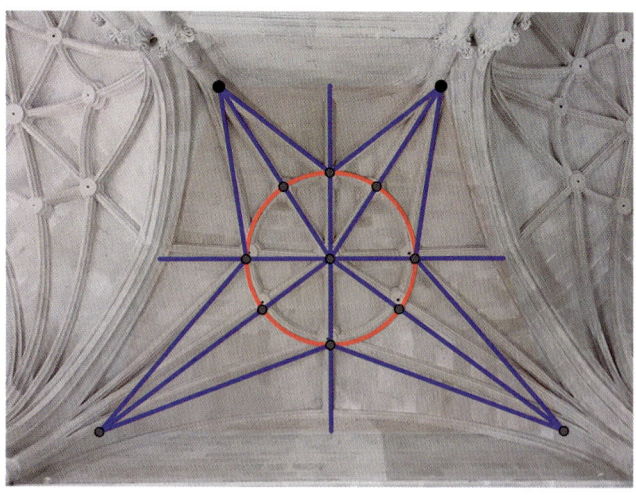

Ilustración 76: Bóveda 4 finalizada

Para averiguar los 8 terceletes restantes, bastará con establecer los segmentos $\overline{CT}$, $\overline{CF}$, $\overline{DF}$, $\overline{DU}$, $\overline{AU}$, $\overline{AM}$, $\overline{BM}$ y $\overline{BT}$, que surgen de unir los puntos anteriores con los vértices, de forma oportuna.

Bóveda 5

Ocupan el espacio de la nave central antes del crucero, así como los tramos laterales del transepto. La ilustración 77 corresponde a la que encontraremos al entrar por la puerta de los Perdones, donde uno de los triángulos mixtilíneos se dejó sin limpiar, ejerciendo como recuerdo del incendio acaecido en la Semana Santa de 1996 (Llebrés, 2021).

Aunque podría considerarse por su parecido una simplificación de la bóveda del crucero, presentando tan solo doce claves secundarias tras haberse eliminados combados, la irregularidad del rectángulo frente al cuadrado, hace que desentrañar el patrón de las claves se postule como una labor compleja. Más aún, los centros de las circunferencias que describen los combados, no se encuentran como en la mayoría de los anteriores casos, situados sobre las claves.

Para su recreación, y al igual que hemos realizado con las bóvedas anteriores, seguiremos el siguiente protocolo de construcción:

Primer paso

Consideremos el rectángulo *ABCD* cuyos lados no paralelos están en proporción el número de Hontañón, esto es $\frac{\overline{AB}}{\overline{AD}} = \omega$, al que le trazamos sus cuatro ejes de simetría que se cortarán en el punto *G*, y denotamos por *H* y *K* a los puntos medios de los lados $\overline{DC}$ y $\overline{AD}$, respectivamente.

Al situar la bisectriz del ángulo $\widehat{GDH}$, interceptará a la recta $\overline{HG}$ en el punto *L*, por donde trazamos una paralela a la diagonal $\overline{AC}$. Los puntos *N* y *M* serán la intersección de la paralela a $\overline{AC}$ por *L*, con las rectas $\overline{DB}$ y $\overline{KG}$, respectivamente. De esta forma, hemos obtenido tres de las claves secundarias, poniendo de manifiesto que se encuentran alineadas, como se aprecia en la ilustración 77.

Ilustración 77: Primer paso de la construcción de la bóveda 5

Segundo paso

Realizando el mismo procedimiento con el resto de vértices, encontramos las claves N' y M' (que son los puntos simétricos de N y M respecto de la recta $\overline{HG}$) así como N'_1, L' y N'' (simétricos de N, L y N' respecto de la recta $\overline{KG}$).

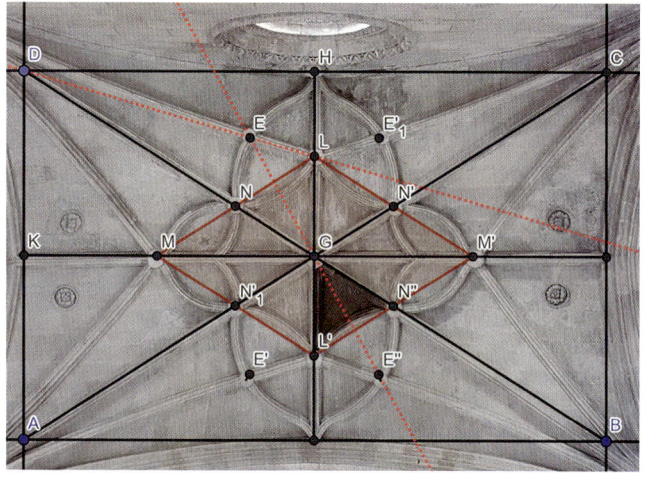

Ilustración 78: Segundo paso de la construcción de la bóveda 5

Para las claves secundarias restantes, trazamos la bisectriz del ángulo $\overset{\frown}{DGH}$, que se corta con la bisectriz anteriormente trazada del ángulo $\overset{\frown}{GDH}$ en el punto E y que en la ilustración 78 aparecen coloreadas en rojo. Nuevamente y recurriendo a la simetría del punto E respecto de la recta $\overline{KG}$, obtendríamos la clave E'. Finalmente calculando los simétricos de E y E' respecto de la recta $\overline{GH}$, obtenemos las dos claves que restarían, esto es, E'_1 y E''.

Tercer paso

Para la obtención de los centros de los combados, recurrimos a las mediatrices de los segmentos cuyos extremos corresponden con los de los arcos que queremos trazar, y haciendo uso del software dinámico, determinamos los centros de los correspondientes arcos de los combados.

En la ilustración 79 se muestran en color negro las distintas claves secundarias, así como en rojo la clave de la crucería. Se han señalado exprofeso en color blanco dos claves secundarias que no están presentes, pero que son extremos de arcos y que demuestran la maestría de los canteros para unir terceletes y ligaduras, sin necesidad de claves en su entronque.

Ilustración 79: Bóveda 5 finalizada

Invariantes constructivos

En todas las bóvedas estudiadas, hay una serie de patrones geométricos que se repiten y son comunes a los arquitectos de los siglos xv y xvi en el momento de establecer la posición que ocupen las claves secundarias que unen los terceletes.

Aunque hemos visto la construcción geométrica de distintas crucerías, rendir un pequeño tributo a los arquitectos que diseñaron las bóvedas estrelladas, es tanto como aproximarse aún más a las figuras de Juan y Rodrigo Gil de Hontañón, en las que el uso de combados y cuadrifolios era muy habitual (Moreno y Palacios, 2015, 2).

a.   Terceletes en la bisectriz.

Si los nervios se sitúan sobre las diagonales de la figura geométrica, estas formarán un cierto ángulo con los arcos formeros y perpiaños. Según Palacios (2005, 5)

> «Para situar esta bisectriz se solía usar una curiosa construcción geométrica: se circunscribe una circunferencia alrededor de la planta de la bóveda, se prolongan los ejes de simetría y allá donde estos ejes cortan la circunferencia, se traza una recta que una este punto con el vértice de la bóveda; ésta recta coincide con la bisectriz y su traza determina la posición del tercelete y su clave.»

En vez de establecer la bisectriz del ángulo atendiendo a su naturaleza, como lugar geométrico de los puntos del plano que están a la misma distancia de los lados del ángulo, recurrir a esta construcción también es un procedimiento correcto.

En efecto, al considerar el rectángulo $ABCD$ de la ilustración 80, haciendo centro en el punto G y tomando como radio la longitud del segmento $\overline{AG}$, se puede trazar la circunferencia circunscrita al rectángulo. Al prolongar el eje de simetría $\overline{KI}$, cortará a la circunferencia en el punto H.

Nótese que el ángulo $\widehat{CAH}$ es inscrito a la circunferencia, por lo que su medida será la mitad del ángulo central correspondiente $\widehat{CGH}$ e igual al $\widehat{KGA}$ (por ser opuestos por el vértice). Pero $\widehat{KGA}$ y $\widehat{GAB}$ son ángulos comprendidos entre rectas paralelas, por lo que por ser alternos internos serán iguales, lo que demuestra que efectivamente la recta $\overline{AH}$ es la bisectriz del ángulo $\widehat{CAB}$.

Por esta razón, como vimos durante su proceso constructivo, tenemos determinada la clave *F* y con posterioridad al trazar la bisectriz del ángulo $\widehat{AGF}$, podremos encontrar la clave *E* como la intersección de las dos bisectrices.

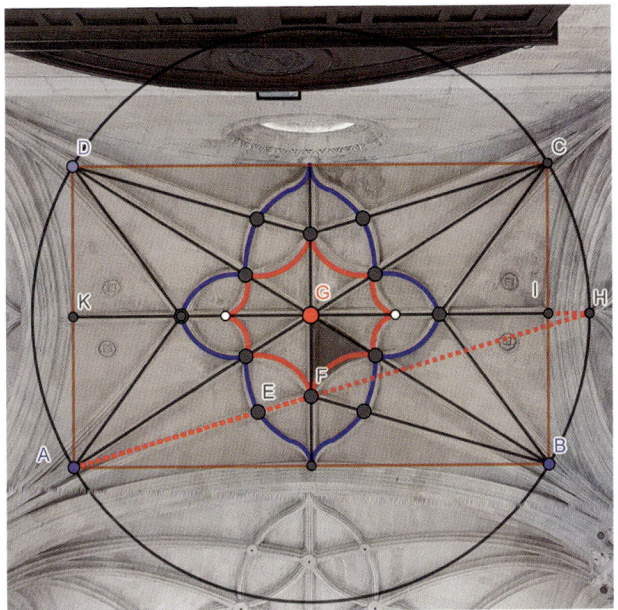

Ilustración **80**: *Terceletes sobre la bisectriz*

b.   Alineaciones.

Otro principio básico que se empleaba en la confección de los patrones geométricos, es que las claves no debían disponerse de manera aleatoria. Más al contrario, se pretendía que varias de ellas se encontraran alineadas (Palacios, 2005, 7). La ilustración 80 muestra cómo tres de las claves pertenecen a la misma recta, cumpliéndose en el caso que nos ocupa, la regla expuesta.

c.   Retículas.

Consiste en dividir cada uno de los lados de la figura de partida en segmentos de igual longitud, estableciendo por estos puntos perpendiculares al lado y generándose de esta manera una retícula. En algunas de estas intersecciones, serán donde se sitúen las claves secundarias. Según Palacios (2005, 6):

«Las tramas pueden ser cuadradas o rectangulares siendo las más frecuentes: 4x4, 6x4, 8x4, 8x8 o también 7x5 o 7x7, aunque se dan también otras combinaciones más complejas en las que se juega con medios valores.»

Al observar la bóveda 1, podemos comprobar que todas sus claves se pueden situar sobre una cuadrícula 8x8. En efecto los triángulos *JDM* y *ADE* son semejantes por estar en posición de Tales, y la razón de semejanza es 1/2. Pero también el rectángulo isósceles *MFG* es semejante al *GJD* con razón de semejanza 1/2 y por estar *P* en el punto medio de la hipotenusa $\overline{MF}$, el pie de la altura trazada desde *G*, será el punto medio de la hipotenusa $\overline{MF}$.

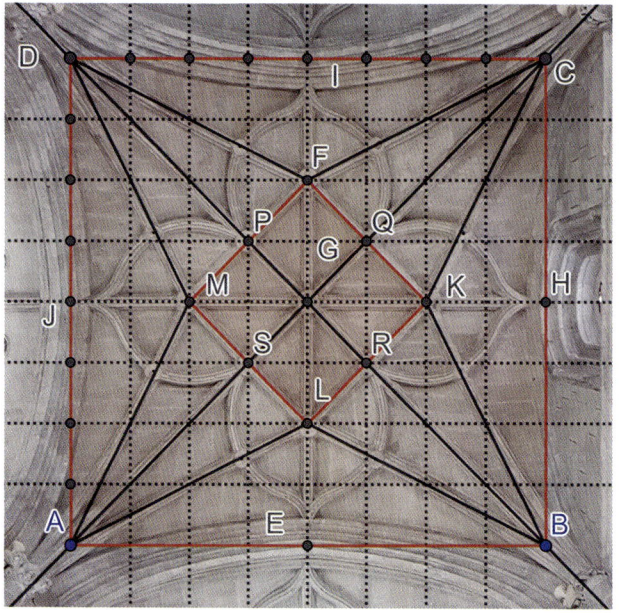

Ilustración 81: Claves situadas sobre una trama 8x8

Claramente, las tres técnicas expuestas pueden simultanearse observando que las claves secundarias señaladas en la ilustración 81 pertenecen a los lados de un cuadrado y por lo tanto cada tres de ellas están alineadas. Pero además las rectas $\overline{AM}$ y $\overline{AL}$ son bisectrices que tienen la dirección de terceletes y contienen claves secundarias, dándose a la vez las tres reglas expuestas.

8

El claustro

La guerra es sin duda, después del claustro,
la mayor escuela de humildad.

PIERRE BENOÎT (1886-1962)

Las trazas de la planta, las bóvedas u otras dependencias del templo catedralicio no han llegado hasta nuestros días, o bien se encontrarán dur-
miendo el sueño de los justos junto a otro montón de legajos olvidados. No
es el caso del diseño del actual claustro, llevado a cabo por Juan Antonio
Munar, del que se conservan los planos originales del alzado y la planta en
el Archivo Histórico Nacional y que gracias al proyecto Identidad e Imagen
de Andalucía en la Edad Moderna, de la Universidad de Almería, salieron
a la luz para poder estudiarlos en profundidad.

Una nota en el margen izquierdo del plano de la planta, fechado en
Almería el 8 de abril de 1789, nos aporta datos más que reseñables:

> «Los gruesos de los muros que aparecen en esta planta non arvitra dios, pues
> como es fortaleza por partes pasa de tres baras [46]por la parte señalada con Z.
> Es donde está la Sacristía, Sala Capitular y en el Angulo el cubo de la muralla;
> por la parte señalada con P el muro del Templo. Por la parte señalada con G
> el muro del Sagrario y por la señalada con H el muro de la muralla que mira
> a la mar.»

Así mismo, en el margen superior confirma el origen del claustro:

> «Planta que demuestra el porticum o Claustro que se intenta hacer en la Sta
> Ygl[a] Cathedral de Almeria, ceñido a el propio actual sitio en que están los
> arranques para otro de Gotico.»

---

46   Las tres varas equivalen aproximadamente a 2,5 m.

Pero el neoclásico imperante en la Real Academia de Bellas Artes de San Fernando, había venido para quedarse y sus cánones estéticos decidieron los espacios y disposiciones. Conjugando este hecho, Munar estaba constreñido por algunas limitaciones, entre las que caben citar:

- Los *arranques en estilo gótico,* que prácticamente fijaban la ubicación de las columnas, así como la luz entre ellas o intercolumnios.

- Las aberturas al interior del templo y las dependencias establecidas en torno al claustro, que igualmente marcarían el comienzo y el final de dos columnas

- Superar los ventanales redondos de la sacristía, sin llegar a alcanzar a los existentes en el lienzo sur del templo, pues la naturaleza de fortaleza le confiere poca entrada de luz, y haberla perdido levantando un muro, era un alto precio a pagar.

- La planta del claustro, que como anterior patio de armas se concibió con la forma de un rectángulo, marcando los límites de las posibilidades constructivas.

La solución arquitectónica no se hizo esperar y el resultado que podemos contemplar hoy en día sigue fielmente el modelo expuesto por Munar. Situando las correspondientes semicolumnas en los vértices del patio del claustro, el lado menor alberga cinco columnas intermedias, mientras que el más largo exhibe ocho. Estos guarismos no son anodinos pues corresponden con el quinto y el sexto término, respectivamente, de la sucesión de Fibonacci y como ya abordamos en el capítulo 2, tienen una estrecha relación con el número de oro.

La siguiente ilustración muestra el boceto original de Munar correspondiente a la planta del claustro. El rectángulo *ABCD* donde se enmarca y que está señalado en rojo, es raíz de dos, esto es:

$$\frac{\overline{AB}}{\overline{BC}} = \sqrt{2}$$

Por su parte, el espacio que delimitan interiormente las arcadas y columnas, indicado en color amarillo, se ajusta al rectángulo *EFGH*, cuyos lados se encuentran en proporción áurea, o lo que es lo mismo:

$$\frac{\overline{EF}}{\overline{FG}} = \phi$$

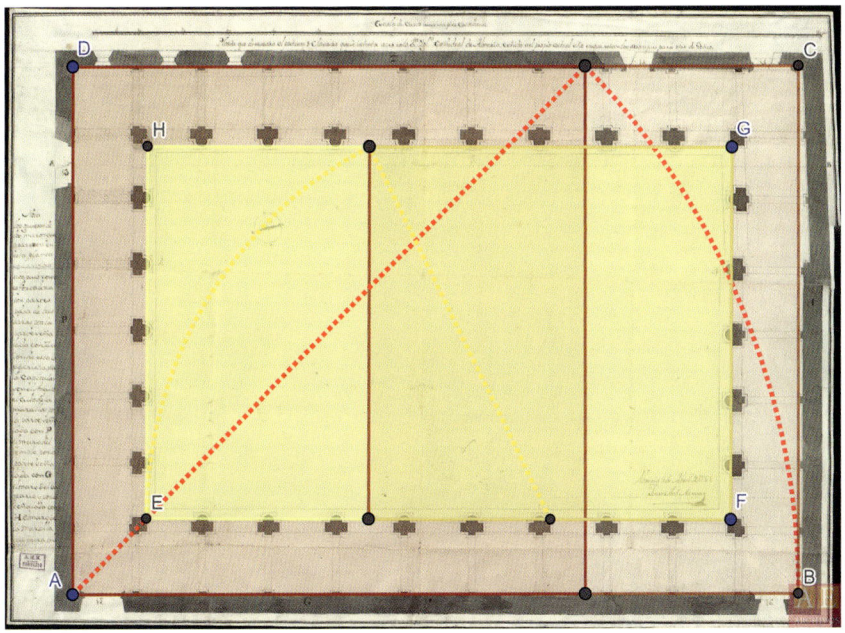

Ilustración 82: Planta del claustro, con los rectángulos raíz de dos y áureo

La remodelación de la plaza de la Catedral en el año 2000 trajo consigo una *arquitectura sin arquitectura*[47] en la que los viandantes no encuentran el refugio de una sombra, lo que va en consonancia con la inexistencia en el proyecto de un banco para descansar. En una línea similar, la restauración del claustro fue llevada a cabo entre 2007 y 2009 y el gusto por lo diáfano dio al traste con cuatro parterres rectangulares, en el espacio descubierto flanqueado por los pórticos de columnas, con unas proporciones similares a los de un rectángulo áureo, y que si se hubiesen conservado, quizá podrían haber engrosado la lista ya nutrida de figuras destacables en la seo almeriense.

---

47 Afirmación del arquitecto principal del proyecto, quien también sostiene: «El suelo se pavimentaba con mármol de Macael, como en las zonas peatonales del resto de la ciudad. Veinticuatro palmeras, más altas que la propia Catedral, como si fueran las columnas de una nave cuya bóveda fuera el mismo cielo, ordenan un espacio presidido por la fachada renacentista de Juan de Orea, como si de un retablo se tratara. La intención es llevar el más con menos a su extremo más radical.» (Campo, 2000).

Pero si no se debió a la tendencia arquitectónica de la *desnudez* lo que motivó esta desaparición y fue en pos de la impermeabilización del terreno para evitar que, por capilaridad, la piedra siguiese sufriendo el más que palpable deterioro que lucía, llama la atención que la lectura del proyecto de restauración del claustro. No contiene partida alguna destinada a la colocación de lámina asfáltica o similar bajo el pavimento, cuando su montante superó los 600.000 € del momento.

Las arcadas

Sin ánimo de procrastinar, hemos postergado hasta este punto el estudio de las columnas jónicas, pues hallándose también en el cuerpo superior de la portada principal, sus pequeñas dimensiones dificultaban el análisis de los diferentes elementos, así como las proporciones que subyacen entre las distintas partes.

El tratado sobre los *cinco órdenes de Arquitectura* de Vignola, nuevamente es la fuente a la que recurrir para el estudio de las medidas y sus razones. En el orden jónico, las proporciones que representan las partes frente a la columna, se mantienen inalterables si las comparamos con el resto de órdenes y en particular con los estudiados en las dos portadas. El entablamento medirá la cuarta parte de la columna, mientras que el pedestal supondrá la tercera parte de esta.

Munar, siguiendo fielmente los patrones establecidos por Vignola, llevó a cabo un diseño marcadamente neoclásico que prescinde del pedestal, en contraposición con la utilización que sí lleva a cabo Juan de Orea en las parejas de columnas que ocupan los espacios inferiores de las dos portadas.

Para los intercolumnios, también las normas de Vignola son precisas, y en el caso de los pórticos sin pedestal, la distancia entre los ejes de las columnas[48], representará $\left(11+\frac{1}{3}\right)$. A pesar de la palpable éntasis que presentan las columnas, los ejes se mantienen paralelos (pues son perpendiculares a la horizontal), por lo que la medida entre ellos, no dependerá si se toma en el imoscapo (lugar al que se recurre para la determinación del módulo), el sumoscapo o en cualquier otro punto de la columna.

---

48   En el caso de los pórticos con pedestal, el tratado de Vignola recoge que la distancia entre los ejes de las columnas ascendería a 15 módulos, mientras que si no se lleva a cabo el pórtico la distancia disminuye a $\left(6+\frac{1}{3}\right)$ módulos.

Comprobemos entonces las dimensiones dadas a cada elemento, que se recopilan en la siguiente ilustración, donde cabe recordar que el módulo en el orden jónico se supone dividido en 18 partes:

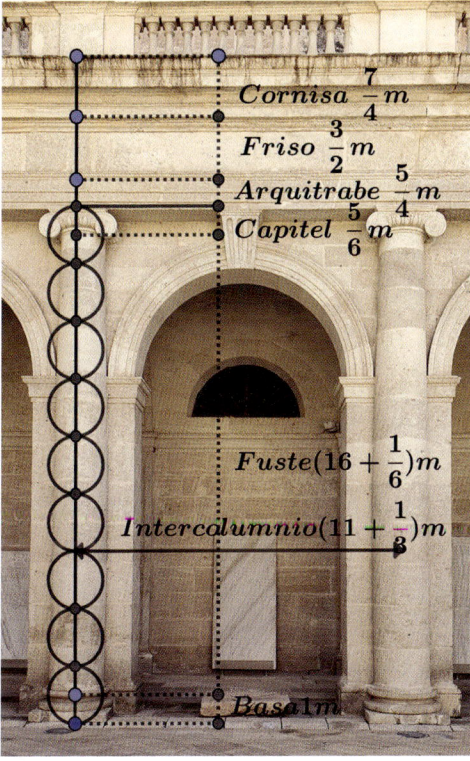

Cornisa $\frac{7}{4}m$

Friso $\frac{3}{2}m$

Arquitrabe $\frac{5}{4}m$

Capitel $\frac{5}{6}m$

Fuste $(16 + \frac{1}{6})m$

Intercolumnio $(11 + \frac{1}{3})m$

Basa $1m$

Ilustración 83: Análisis de las proporciones existentes entre las distintas partes de las columnas del claustro

Las bóvedas vaídas

Bajo esta denominación se agrupan las cúpulas obtenidas por las secciones producidas entre una esfera y cuatro planos perpendiculares al plano que pasa por su ecuador, siendo paralelos dos a dos.

Para precisar su construcción, pensemos en una esfera y un cubo con el mismo centro. Si la arista del cubo es menor que el diámetro de la esfera, su intersección no será vacía y la bóveda vaída consistiría en una semiesfera limitada por cuatro de las caras del cubo que contengan aristas paralelas.

Al considerar el plano que limita a la semiesfera, la intersección de ambos será una circunferencia. Por otra parte, la intersección del mismo plano con el cubo, produce un cuadrado que se encuentra inscrito en la circunferencia anterior. Denotando por d al diámetro de la circunferencia (que coincide con el de la esfera) y por l al lado del cuadrado (que no deja de ser el mismo que la arista del cubo), se tiene la situación que muestra la siguiente ilustración:

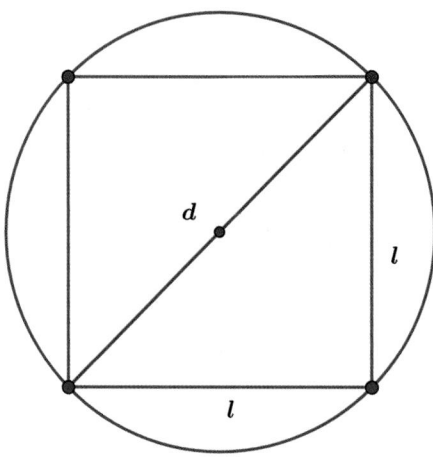

Ilustración 84: Relación entre el diámetro de la semiesfera y la arista del cubo

Claramente la relación entre el lado cuadrado y el diámetro de la circunferencia, puede establecerse mediante el teorema de Pitágoras, del que se desprende:

$$d^2 = l^2 + l^2 \Rightarrow l = \frac{d}{\sqrt{2}}$$

Si tenemos en cuenta la posición de las bóvedas vaídas en cada una de las pandas del claustro, la distancia entre los ejes de las columnas del pórtico, coinciden con el lado del cubo y la altura de la bóveda será el radio de la esfera, esto es:

$$\frac{d}{2} = \frac{l}{\sqrt{2}}$$

De esta forma, una recreación de las bóvedas vaídas, es la que muestra la siguiente ilustración:

Ilustración 85: Construcción de una bóveda vaída

9

Miscelánea

Son aquellas pequeñas cosas, que nos dejó un tiempo
de rosas, en un rincón, en un papel o en un cajón.

JOAN MANUEL SERRAT (1943)

Este último capítulo está dedicado a tres pequeños grandes detalles, que pudieran pasar desapercibidos si no prestamos especial atención al visitar la Catedral de Almería. Ciertamente no están todos los que son, pero sí son todos los que están, lo que puede incitar a una búsqueda que seguro nos arribe a buen puerto.

Los escudos de los distintos obispos que ostentaron el cargo en la provincia almeriense y que han tenido especial relevancia en el monumento, se encuentran estampillados en diversas localizaciones de este. Uno de los elementos figurativos que destaca en sus escudos heráldicos, son los cordones con borlas anudadas a los flancos denotando el cargo eclesiástico que ostenta. La disposición de las borlas permite un tratamiento matemático mediante números triangulares, un caso particular de números poligonales, en el que llevamos a término un recorrido por sus propiedades que nos permitirán despejar las dudas en cuanto al número de estos pues, en ocasiones, se encuentran poco visibles. La conclusión pondrá de manifiesto lo que podría considerarse un acto de vanidad, o en un posicionamiento más radical, llegar a ser uno de los siete pecados capitales: la soberbia.

En el segundo epígrafe, se lleva a cabo un estudio profundo de la decoración que exhibe la puerta que comunica el claustro con la nave de la epístola del templo. Sus cuarterones representan un compendio de los rectángulos notables que jalonan las portadas de la Catedral, a modo de resumen sutil, para admiración del visitante más minucioso. Engalanada con jarrones de azucenas cuya iconografía exalta las virtudes de la Virgen, atesora la decoración más profusa del templo, en la que no se deja lugar al azar.

Terminaremos haciendo una parada en la sacristía, ejemplo notable en la geografía andaluza y que cuenta con numerosas citas en la bibliografía de la arquitectura religiosa de los siglos XVI y XVII. Su techumbre se haya conformada por una bóveda de cañón decorada con un recurso propio de la arquitectura renacentista como son los casetones, que contrasta con las bóvedas de crucería de la nave, propias del estilo gótico. Al igual que en el capítulo 7 dedicamos un lugar en el texto para estudiar sus diseños, otro tanto mostraremos en el caso de la sacristía que nos deparará alguna sorpresa inadvertida a las miradas que no sean perspicaces. En este caso, de la mano de la relación de divisibilidad y truncando los decimales del irracional y trascendente número π, podremos analizar los tramos de la bóveda, encontrando diferencias palpables entre el número de cuarterones que fueron empleados en cada uno de ellos. Aunque el recubrimiento periódico de una superficie plana es posible llevarlo a cabo con cuadrados, los constructores recurrieron a otros polígonos, con una suerte desigual en el resultado.

Números triangulares y escudos obispales

La heráldica eclesiástica, tal y como le ha ocurrido a la iglesia, ha ido variando con el devenir del tiempo, dando paso unos símbolos a otros, y la Catedral es un buen museo escultórico para ilustrar su evolución.

Ilustración 86: Escudo de Villalán situado sobre la entrada a la sacristía

Los escudos de los obispos constructores de la Catedral, responden de manera inexorable a los cánones de la época que les tocó vivir, y como timbre[49] encontramos al capelo, un sobrero de ala ancha del que penden sendos cordones con borlas anudadas.

La disposición de estas es en orden creciente, como se aprecia en la ilustración 86.

La composición geométrica de las borlas sugiere que adoptan la forma de un triángulo, por lo que abstrayendo el concepto, podemos preguntarnos qué tipo de números son los que permiten describir el polígono con tres lados. La respuesta vendrá dada por los números poligonales o figurados, y para introducirlos, veamos el caso más sencillo que es el que nos atañe: los números triangulares.

Adoptando el convenio de que el uno es el primer número triangular (cosa que no es descabellada, pues al alejarnos suficientemente de cualquier imagen esta se queda reducida a un punto), la sucesión de los números triangulares estaría formada por los términos: 1, 3, 6, 10, … como muestra la ilustración siguiente:

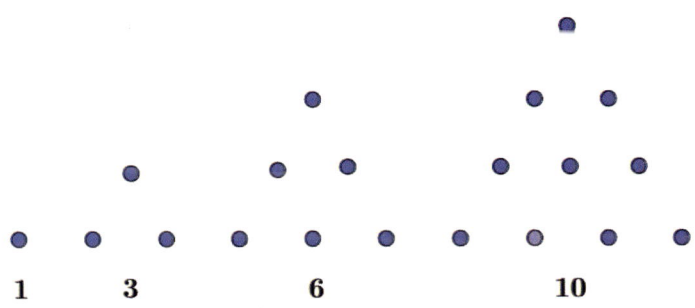

Ilustración 87: Cuatro primeros términos de la sucesión de los números triangulares

Por lo tanto, para denotar a un número poligonal debemos conocer el tipo de polígono que describe, así como la posición que ocupa el término dentro de la sucesión oportuna, lo que motiva que denotemos por $\mathcal{P}_{n,k}$ al enésimo número poligonal que describe a una figura geométrica de k lados.

---

49   En heráldica, se denomina timbre al elemento que se sitúa sobre el escudo de armas. Dependiendo del cargo que ostente la personalidad a quien representa, podemos encontrar una pluralidad de formas, entre las que encontraremos tiaras, coronas, birretes, capelos o yelmos.

En particular, dada su importancia y ubicuidad, simplificaremos la escritura de los números triangulares y cuadrados que ocupan dentro de su secuencia la posición n escribiendo T_n y C_n, respectivamente. De manera general nos referiremos a n-agonal cuando queremos hablar del número poligonal que describe la figura geométrica con n lados.

Esta aparición fortuita de los números poligonales, no es ni más ni menos que un descubrimiento tardío, pues la escuela pitagórica ya se encargó de manera profusa de su estudio. Simples piedras permiten establecer las configuraciones de los números figurados, y retrotrayéndonos en el tiempo podemos acercarnos a su modo de pensamiento a través de uno de sus más destacados miembros, Filolao, quien afirmaba:

«Todas las cosas que pueden ser conocidas tienen número; pues no es posible que sin número nada pueda ser conocido ni concebido.» (Pérez, 2000).

Los números primos constituyen la columna vertebral de los números naturales, pues no en vano el teorema fundamental de la aritmética se basa en estos ilustres guarismos para afirmar que todo número se expresa de forma única, salvo el orden, como producto de primos. Un dual aditivo (con la excepción de la unicidad) lo constituyen los números poligonales, y la afirmación formulada por el jurista francés y gran aficionado a las matemáticas Pierre de Fermat (1601-1665):

Todo número entero positivo puede expresarse mediante suma de, a lo sumo, n números n-agonales.

Fermat es famoso por brindar soflamas, de las que no siempre aportaba demostraciones (en ocasiones excusándose en el poco espacio que deja para tal efecto el margen de un libro) y que en Matemáticas denominamos conjeturas[50]. Sin tratar de sembrar ningún resquicio de duda sobre

---

50 La más famosa conjetura de Fermat afirmaba que la ecuación $x^n + y^n = z^n$ con $n \geq 3$, no tiene soluciones enteras positivas. El problema reflejado sobre un ejemplar de la *Aritmética* del matemático griego Diofanto de Alejandría, contiene además otra inscripción de Fermat: [...] *cuius rei demonstrationen mirabilem sane de lexi, hanc marginis exiguitas non caperet* (he encontrado una demostración admirable de este resultado, pero este margen es demasiado estrecho para escribirla). Hubo que esperar más de 350 años para que el matemático Andrew Wiles, en mayo de 1995, aportara una demostración que corroboraba la conjetura, y que actualmente se conoce con el nombre de Teorema de Fermat-Wiles (Areán, 2017).

el ingente aporte que Fermat brindó a las matemáticas ni frivolizar con su figura, lo cierto es que hubo que cambiar hasta dos veces de siglo para encontrar una prueba a la conjetura de Fermat sobre los números n-agonales. En 1815 el eminente matemático francés Augustin-Louis Cauchy (1789-1859), presentó su demostración en una de las dos memorias aportadas a la Academia de Ciencias de París (Pérez, 2000).

Pero el primer gran avance fue proporcionado por el genial *Príncipe de los matemáticos*, el alemán Carl Friedrich Gauss (1777-1855), quien con sumo entusiasmo anotó en su famoso diario:

$$EYPHKA! \quad Num = \Delta + \Delta + \Delta$$

En el criptográfico apunte parafrasea[51] al sabio griego Arquímedes con su expresión de asombro, tras haber probado que todo número entero positivo puede expresarse como la suma de un máximo de tres números triangulares.

Para demostrar este resultado, tendremos necesariamente que exponer la teoría sobre los números triangulares, con resultados que resultan visualmente muy llamativos, por lo que dedicamos el siguiente epígrafe a tan egregios guarismos.

Números triangulares

A la vista de la ilustración 87, se deduce que cada número triangular se obtiene añadiendo un nuevo piso por debajo del número triangular anterior, y con un punto adicional. El lenguaje matemático formal, sintetiza el común mediante la expresión:

$$\begin{cases} T_{n+1} = T_n + (n+1), \forall n \in \mathbb{N} \\ \quad\quad T_1 = 1 \end{cases}$$

Es decir:

$$T_n = 1 + 2 + 3 + \dots + (n-1) + n, \forall n \in N$$

---

51 La grafía *EYPHKA*, hace alusión a EUREKA, interjección que podría traducirse por ¡lo he descubierto!, que se contextualiza en torno al nacimiento del Principio de Arquímedes: *todo cuerpo sumergido parcial o totalmente en un fluido experimenta un empuje vertical y hacia arriba igual al peso del fluido desalojado.*

Hay diversas[52] formas de simplificar esta relación, o dicho de otra forma, de obtener una expresión cómoda del término general de la sucesión de los números triangulares, que no deja de ser la suma de los n primeros números naturales. La plasticidad de las dos que presentamos, hacen que sea imposible discernir entre cuál de ellas es contingente:

Primera forma

La precocidad de Gauss, el personaje central en el estudio de los números triangulares, se pone sobradamente de manifiesto cuando consiguió calcular con nueve años el tedioso problema al que enfrentó su profesor al alumnado de la clase a la que asistía. Al parecer, y sin muchas ganas de impartir docencia, encomendó a los discentes el cálculo de la suma de los cien primeros números naturales a lo que en un breve tiempo Gauss dio respuesta (Rufián, 2012).

Empleando el mismo argumento del que se valió el joven *Príncipe de los matemáticos*, y haciendo uso de un razonamiento paralelo que rehúye del clásico algoritmo que nos enseñaron en la escuela, se tiene:

$$1 + 2 + 3 + \cdots + (n-2) + (n-1) + n$$

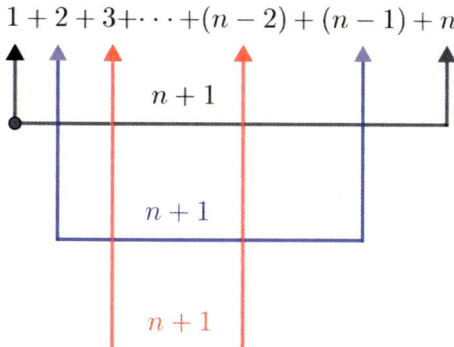

Ilustración 88: Primera demostración de la obtención del término general de la sucesión de números triangulares

---

52 Una alternativa plausible, es observar que los números naturales constituyen una progresión aritmética de diferencia la unidad, por lo que el valor de la suma es el semiproducto del número de términos, por la suma del primero más el último, lo que conduce a la expresión que obtenemos. Recíprocamente, si conocemos la expresión, también podríamos probarla por el Principio de Inducción.

Puesto que la adición de números naturales cumple las propiedades conmutativa y asociativa, podemos sumar el primer número con el último, el segundo con el penúltimo, el tercero con el antepenúltimo, y continuar el proceso, como muestra la ilustración 88. Todas estas operaciones arrojan el mismo resultado, es decir:

$$1 + n = 2 + (n\text{-}1) = 3 + (n\text{-}2) = \cdots = n + 1$$

Distinguiremos dos casos, dependiendo de la paridad del valor del natural n:

- Si n es un número par, con los n términos de la suma podemos hacer $n/2$ parejas, por lo que el resultado buscado será:

$$T_n = 1 + 2 + 3 + \cdots + (n - 1) + n = (n + 1)\frac{n}{2} = \frac{n(n + 1)}{2} \Rightarrow$$

$$\Rightarrow T_n = \frac{n(n + 1)}{2}$$

- Si n es un número impar, $n + 1$ debe ser necesariamente par, por lo que aplicando el razonamiento anterior, y teniendo en cuenta la relación establecida entre dos números triangulares consecutivos, tendríamos:

$$T_{n+1} = T_n + (n + 1) \Rightarrow \frac{(n + 1)[(n + 1) + 1]}{2} = T_n + (n + 1) \Rightarrow$$

$$\Rightarrow T_n = \frac{(n + 1)(n + 2)}{2} - (n + 1) = (n + 1)\left(\frac{n + 2}{2} - 1\right) \Rightarrow$$

$$\boxed{\Rightarrow T_n = \frac{n(n + 1)}{2}}$$

Segunda forma:

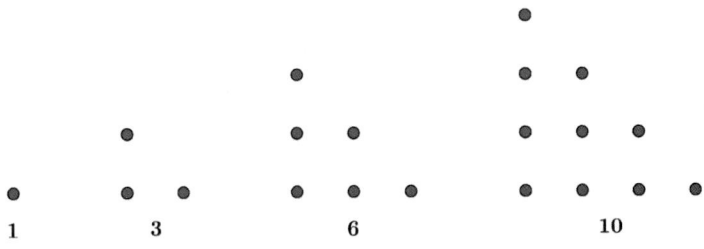

1	3	6	10

Ilustración 89: Disposición alternativa de los cuatro primeros números triangulares, formando triángulos rectángulos

Al reordenar los puntos que definen un número triangular, en vez de construir un triángulo equilátero, podemos establecer sin pérdida de generalidad un triángulo rectángulo, como muestra la ilustración precedente.

Y al yuxtaponer sobre la hipotenusa dos de las representaciones de un mismo número triangular T_n, surge un rectángulo[53] con n puntos sobre el lado menor y $n + 1$ sobre el mayor, con lo que el número de puntos que componen el rectángulo no deja de ser el producto de ellos, es decir $n(n + 1)$. Dado que un rectángulo se puede descomponer en dos triángulos iguales de área máxima, se tiene la consabida expresión para la figura de tres lados:

$$T_n = \frac{n(n + 1)}{2}$$

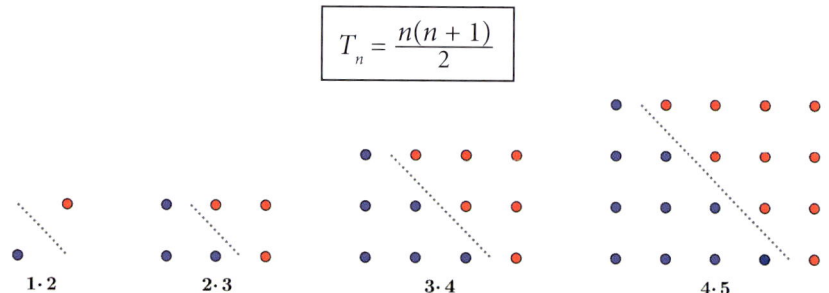

1·2   2·3   3·4   4·5

Ilustración 90: Yuxtaposición de los cuatro primeros números triangulares, formando un rectángulo

Para finalizar el epígrafe, establezcamos una caracterización de los números triangulares, que viene expresada por el siguiente

Teorema: Un número x es triangular si y sólo si $8x + 1$ es un cuadrado perfecto.

Demostración:

$\Longrightarrow$) Sea x un número triangular. Entonces existe $n \in \mathbb{N}$ tal que $x = T_n = \dfrac{n(n + 1)}{2}$, de lo que se deduce:

$8x + 1 = 8\dfrac{n(n + 1)}{2} + 1 = 4n(n + 1) + 1 = 4n^2 + 4n + 1 = (2n + 1)^2$ que es un cuadrado.

---

53 Los puntos de los rectángulos obtenidos, determinan la sucesión de los llamados números oblongos, que son el producto de naturales consecutivos: 2, 6, 12, 20, …

⇐) Recíprocamente, supongamos ahora que $8x + 1$ es un cuadrado perfecto. Debe entonces existir un valor $m \in \mathbb{N}$ de manera que $8x + 1 = m^2$. Pero $8x + 1$ es un número impar, por lo que también lo será m^2 y en particular m (pues un número tiene la misma paridad que su cuadrado).

De esta forma podemos expresar $m = 2n + 1$, para un apropiado natural n, pudiendo entonces escribir:

$$8x + 1 = m^2 \Rightarrow x = \frac{m^2 - 1}{8} \Rightarrow x = \frac{(2n + 1)^2 - 1}{8} \Rightarrow x = \frac{(4n^2 + 4n + 1) - 1}{8} \Rightarrow$$

$$\Rightarrow x = \frac{n(n + 1)}{2}$$

(c.q.d.)

La interpretación geométrica es evidente al observar con detenimiento la ilustración 91, que muestra la partición de un cuadrado en ocho números triangulares, junto con el punto central. Y claramente la aritmética confirma que $8 \cdot 10 + 1 = 9^2$.

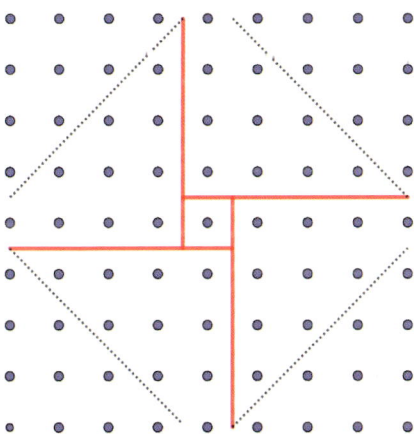

Ilustración 91: Interpretación geométrica del teorema

Este hecho induce de manera natural a estudiar la posibilidad de descomponer cualquier número n-agonal en otros que tengan un orden inferior. Dada la impronta geométrica y el hecho de que cualquier polígono pueda ser triangulado, la descomposición se presume en términos de los números triangulares.

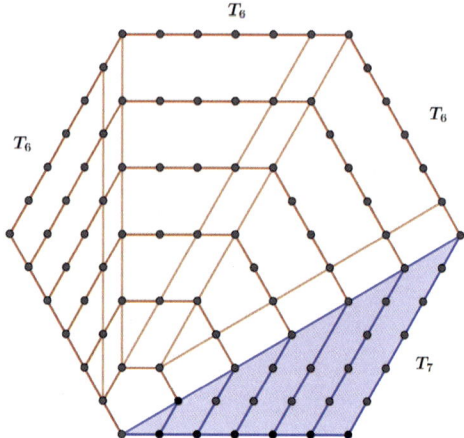

Ilustración 92: Descomposición de los números n-agonales en triangulares

A tenor de la ilustración 92, el séptimo número hexagonal se puede descomponer como la suma del séptimo triangular más tres veces el sexto triangular, es decir,

$$\mathcal{P}_{7,6} = T_7 + 3T_6$$

Generalizando el proceso descrito, dado el enésimo número poligonal que describe a una figura geométrica de k lados, esto es $\mathcal{P}_{n,k}$, al unir el primer punto que representa a $\mathcal{P}_{1,k}$, con uno de los puntos de $\mathcal{P}_{2,k}$ y con el otro adyacente, surge un triángulo que contiene a los puntos de T_n. Por el resto de los k–3 vértices de $\mathcal{P}_{2,k}$ podemos establecer triángulos disjuntos que vendrán representados por los números triangulares T_n y que contienen al resto de puntos de $\mathcal{P}_{n,k}$.

Algebraicamente, la relación buscada es:

$$\mathcal{P}_{n,k} = T_n + (k-3)T_{n-1}, \forall n \in \mathbb{N} \text{ y } k \geq 3$$

Empleando ahora la expresión que nos indica la cantidad de puntos que contiene un número triangular, podemos encontrar otra nueva reformulación para los n-agonales, que nos aportará otra visión geométrica. En efecto

$$\mathcal{P}_{n,k} = \frac{n(n+1)}{2} + (k-3)\frac{(n-1)n}{2} = \frac{n[(n+1)+(k-3)(n-1)]}{2} \Rightarrow$$

$$\Rightarrow \boxed{\mathcal{P}_{n,k} = \frac{n[(k-2)n+(4-k)]}{2}, \forall n \in \mathbb{N} \text{ y } k \geq 3}$$

Al operar en la fórmula anterior, podemos poner:

$$\mathcal{P}_{n,k} = \frac{n^2(k-2) + n(4-k)}{2} = \frac{n^2(k-2) - (k-2)n + 2n}{2} \Rightarrow$$

$$\Rightarrow \mathcal{P}_{n,k} = (k-2)\frac{n(n-1)}{2} + n$$

$$\boxed{\mathcal{P}_{n,k} = (k-2)T_n + n, \forall n \in \mathbb{N} \text{ y } k \geq 3}$$

Traduciendo nuevamente el lenguaje algebraico al geométrico, encontraremos que el k-ésino número n-agonal, es la suma de los $k-2$ triangulares que ocupan en la sucesión el término $n-1$ con el número de puntos situados sobre uno de los lados de $\mathcal{P}_{n,k}$.

La siguiente ilustración muestra la situación $\mathcal{P}_{7,6} = 4\ T_6 + 7$, descomponiendo el séptimo número hexagonal como cuatro triángulos iguales representados por el sexto número triangular más siete puntos, que se han marcado en azul.

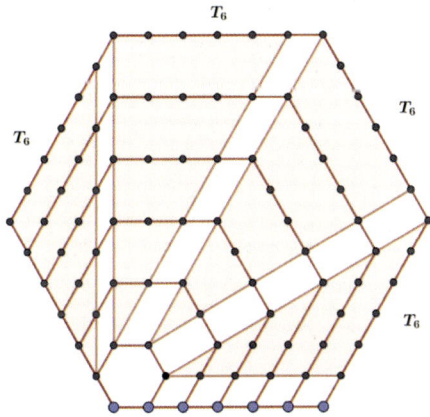

Ilustración 93: Segunda descomposición de un número n-agonal

La tabla adjunta, recoge los diez primeros términos de los cuatro primeros números n-agonales, en la que se ha hecho uso de la expresión obtenida anteriormente:

$$\mathcal{P}_{n,k} = \frac{n[(k-2)n + (4-k)]}{2}, \forall n \in \mathbb{N} \text{ y } k \geq 3$$

Nombre	Expresión	Término (n)									
		1	2	3	4	5	6	7	8	9	10
Triangulares	$\dfrac{n(n+1)}{2}$	1	3	6	10	15	21	28	36	45	55
Cuadrados	n^2	1	4	9	16	25	36	49	64	81	100
Pentagonales	$\dfrac{3n^2-n}{2}$	1	5	12	22	35	51	70	92	117	145
Hexagonales	$2n^2-n$	1	6	15	28	45	66	91	120	153	190

El teorema de Gauss sobre números triangulares

Establecidos los requisitos, estamos en disposición de exponer la prueba del hecho anunciado sobre números triangulares:

Teorema (de Gauss sobre números triangulares): Todo entero positivo puede expresarse como la suma de un máximo de tres números triangulares.

La referencia inequívoca, si queremos hacer justicia a Gauss, debe ser su celebérrimo compendio *Disquisitiones Arithmeticae,* publicado en Leipzig en el verano del año 1801. La traducción al castellano de Ángel Ruiz (Gauss, 1995) permite la lectura de un soberbio texto estructurado en siete secciones con 366 artículos, o resultados, que recopilan los conocimientos que se tenían hasta el momento sobre Teoría de números, con cuantiosas nuevas aportaciones de Gauss. En particular, para llevar a cabo la demostración del teorema que nos ocupa, y al que se dedica en el artículo 293, una de las claves la estudia en la proposición 291 donde prueba las condiciones que debe verificar un entero positivo para que se pueda expresar como la suma de los cuadrados de números enteros, y que, por cuestiones de extensión y complejidad, no vamos a abordar[54].

Demostración:

Por el artículo 291, para cualquier entero M positivo, existen también tres enteros positivos x, y, z tales que:

$$8M + 3 = (2x+1)^2 + (2y+1)^2 + (2z+1)^2$$

---

54   El lector más inquieto, puede encontrarla en Gauss (1995, 350-352).

Despejando el valor de M, y motivados por el hecho probado en el teorema anterior, según el cual dado T_n, con $n \in \mathbb{N}$, el resultado de $8T_n + 1$ es un cuadrado, podemos agrupar convenientemente, y tendríamos:

$$8M = [(2x + 1)^2 - 1] + [(2y + 1)^2 - 1] + [(2z + 1)^2 - 1]$$
$$8M = (4x^2 + 4x) + (4y^2 + 4y) + (4z^2 + 4z)$$
$$M = \frac{4x(x + 1)}{8} + \frac{4y(y + 1)}{8} + \frac{4z(z + 1)}{8}$$
$$M = \frac{x(x + 1)}{2} + \frac{y(y + 1)}{2} + \frac{z(z + 1)}{2}$$

Lo que produce el resultado buscado, esto es, la descomposición de cualquier entero como suma de tres números triangulares. *(c.q.d.)*

Nótese cómo si el número M es triangular, la expresión buscada podría ser él mismo, con lo que no serán necesarios conseguir otros dos números triangulares.

Al comienzo del capítulo, observábamos que la unicidad de la suma no está garantizada y como ejemplo podemos recurrir a estas dos descomposiciones en números triangulares:

$$\begin{cases} 23 = 21 + 1 + 1 = T_6 + T_1 + T_1 \\ 23 = 10 + 10 + 3 = T_4 + T_4 + T_2 \end{cases}$$

Escudos obispales

El escudo de Villalán (que encontramos hasta en siete[55] emplazamientos distintos en la Catedral), como los de Portocarrero, Corrionero o el penúltimo obispo de la seo almeriense Adolfo González Montes, podemos ubicarlos en múltiples espacios de la Catedral de Almería.

Con la salvedad de los escudos heráldicos, el capelo con las borlas a sus flancos es una cualidad fácilmente reconocible, aunque en ocasiones tal y como ocurre con las portadas, el conteo del número de borlas pueda volverse difícil por las figuras que las sostienen.

---

55 Campean en la puerta principal, en la de los Perdones, sobre el exterior del baluarte que aloja a la capilla de la Piedad, cubriendo las puertas de entrada a la sacristía, así como en los dos baluartes en el lienzo sur y en su sepulcro ubicado en la capilla del Cristo de la Escucha.

Lo cierto es que llegados al final del epígrafe, no hay forma de esconderse ante las matemáticas ni mucho menos tras haber desgranado los pormenores que entrañan los números triangulares.

No sería nada más que otra anécdota que al cuantificar el número de borlas que decoran los escudos de Villalán, no nos cuadren las cuentas con su cargo. Retomando la ilustración que motivaba el capítulo, observamos que el número de borlas a cada lado coincide con el cuarto número triangular. Esto es:

$$T_4 = \frac{4 \cdot (4 + 1)}{2} = 10$$

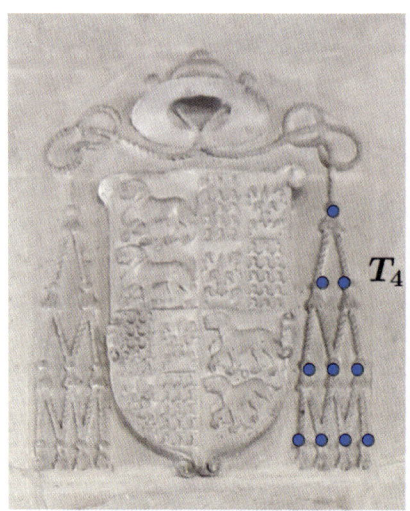

Ilustración 94: Escudo de Villalán

Ilustración 95: Escudo obispal[56] en el trascoro

La Iglesia, un estamento tan jerarquizado, ha ido cosificando hasta los más imperceptibles detalles donde los escudos y sus elementos, no podrían pasar desapercibidos. En este sentido cabe citar cómo diversos edictos establecen los patrones (Del Arco, 2012, 143-145) que han regir la heráldica de los eclesiásticos, promulgados entre otros por los pontífices:

---

56 Si bien el trascoro se materializa durante el gobierno de la diócesis de Sanz y Torres, el escudo que podemos apreciar, no corresponde con el que podemos encontrar en la bibliografía más referenciada *La Iglesia de Almería y sus obispos* (López, 1999, 663)

- Inocencio IV: Durante el concilio del año 1245, establece el uso del capelo para los cardenales y el empleo en la heráldica tiene lugar a principios del s. XIV.
- Pío VI: Fija para el capelo el número de borlas según el cargo eclesiástico.
- Pío X: En 1905 publica la Encíclica titulada *Inter Multiplices curas*, que pormenoriza consolida las reglas que controlan los sombreros eclesiásticos y sus complementos, borlas, etc.
- Pío XI: Promulga en 1934 la Constitución Apostólica *Ad Incrementum Decoris*, que recoge la legislación heráldica.

Aun así, lo cierto es que las reglas establecen 20 borlas para los arzobispos ($2T_4$) frente a las 12 de los obispos ($2T_3$), con independencia del momento y desde su instauración en el s. XIII. Esta disonancia en los cánones, así como con los obispos posteriores a Villalán, no es un endemismo almeriense pues podemos encontrar más ejemplos salpicando la geografía española[57].

Aunque transcurridos cinco siglos sea francamente difícil discernir el motivo, Lorite (2018, 105) aporta una línea argumental:

«Uno de los principales problemas que tiene el investigador de heráldica a diario cuando analiza blasones pertenecientes a miembros de la Iglesia Católica es que la distribución de borlas no coincide en muchísimas ocasiones con el que se cree allí representado y al consultar o rastrear bibliografía con profusa normalidad se encuentra o bien que el individuo histórico en su fama se puso más de lo que era pensando que iba a llegar a serlo y le sobrevino la muerte (la situación de electo podía ser larga) o en realidad que el picapedrero de turno no entendía de heráldica y simplemente se equivocó.»

Si el culpable fue el cantero, como responsable máximo de la obra Juan de Orea también cometió el error o lo pasó por alto, pero en todas las representaciones con borlas del escudo de Villalán, inclusive el que se aloja en la portada lateral de la iglesia de Santiago, se aprecia una distinción que corresponde a un arzobispo, cargo que Villalán nunca alcanzó.

---

57 Sirva como ejemplo el del obispo de Baeza-Jaén Alonso Suárez de la Fuente del Sauce, que ejerció el cargo entre 1500 y 1520. En unas representaciones aparece con doce borlas, mientras que en otras lo hace con 20 (Lorite, 2018, 106)

Una puerta para admirar

La Catedral de Almería, al igual que la de Granada o Málaga son llamadas de la Encarnación. La etimología, siempre fiel aliada, nos indica que el término proviene del latín *incarnatio*, compuesta del prefijo *in* (dentro de) el sustantivo de la tercera declinación *caro, carnis* (carne) y del sufijo *tio* (acción o efecto), por lo que podríamos traducirlo por introducirse en la carne. Este hecho hace alusión al encuentro, o Anunciación, entre el arcángel san Gabriel y la Virgen María, momento en el que le comunica que va a ser la madre de Dios:

> «En el sexto mes, el Ángel Gabriel fue enviado por Dios, a una ciudad de Galilea llamada Nazaret, a una virgen que estaba comprometida con un hombre perteneciente a la familia de David, llamado José. El nombre de la virgen era María. El Ángel entró en su casa y la saludó, diciendo: «¡Alégrate!, llena de gracia, el Señor está contigo». Al oír estas palabras, ella quedó desconcertada y se preguntaba qué podía significar ese saludo. Pero el Ángel le dijo: «No temas, María, porque Dios te ha favorecido. Concebirás y darás a luz un hijo, y le pondrás por nombre Jesús.» (Evangelio según san Lucas 26-31).

Ilustración 96: Detalle del cuarterón de la puerta con el jarrón de azucenas

La Encarnación es el momento inmediatamente posterior, en el que Dios padre adopta la segunda forma de la Trinidad, convirtiéndose en el hijo que nacerá del vientre de María. La consideración virginal, concebida sin pecado, se suele representar mediante un jarrón (seno materno) que contiene azucenas frescas (símbolos como el lirio o la flor de lis, de la pureza). Esta es la decoración principal de la puerta que tendrá que tomar el visitante para acceder al interior del templo si lo hace desde el claustro, como muestra la ilustración 96:

El resto de los cuarterones alojados en la parte inferior de la puerta, tienen como misión envolver al jarrón de azucenas, pieza fundamental de su ornamentación. En cambio, al mirar hacia los paños fijos situados sobre las aperturas, encontraremos que los cuadriláteros que los componen están ataviados en su interior con figuras circulares.

Dependiendo del número de circunferencias que albergan, podemos distinguir:

- Un cuadrado:

Consideremos el paralelogramo *ABCD*, al que le hemos trazado sus diagonales que se cortan en el punto medio *O*. Si *P* es el punto medio del lado $\overline{AB}$, resulta que la circunferencia de centro *O* y radio $\overline{OP}$ es tangente a los lados del paralelogramo, lo que demuestra que *ABCD* es un cuadrado.

Ilustración 97: Cuarterón cuadrado

- Un rectángulo áureo:

Sea $\overline{AD}$ el lado menor del cuarterón y sobre él construimos el cuadrado *ABCD*, siendo *P* el punto medio del lado $\overline{AB}$. La circunferencia de centro *P* y radio $\overline{PC}$, corta en *E* a la recta $\overline{AB}$. Si por *E* trazamos una perpendicular a

$\overline{AB}$, intersecará a la recta $\overline{DC}$ en el punto F, siendo entonces el rectángulo *AEFD* señalado en color amarillo, áureo.

Ilustración 98: Cuarterón áureo

• Un rectángulo raíz de cinco:

Al considerar el rectángulo duplo *ABCD*, podemos trazar la circunferencia de centro *A* y radio $\overline{AC}$, que cortará a la recta $\overline{AB}$ en el punto *E*. Trazando una perpendicular a $\overline{AB}$ por *E*, intersecará a la recta $\overline{CD}$ en el punto *F*. Así, el rectángulo *ABCD* marcado en un tono verde, es raíz de cinco.

Ilustración 99: Cuarterón raíz de cinco

Para finalizar el estudio de la puerta descrita, vamos a desentrañar una posible construcción de su ornamento, que el ebanista con total seguridad y antes de proceder a la talla, debe marcar sobre la tabla para, formón y gubia en mano, darle la forma que tiene.

Denotamos por O_1, O_2 y O_3 a los centros de las circunferencias de menor radio, siendo este r. Observamos que se encuentran alineados y claramente la distancia entre ellos es la misma, y viene determinada por tres veces el radio. Esto es:

$$d(O_1, O_2) = d(O_2, O_2)=3r$$

Ilustración 100: Construcción geométrica del cuarterón raíz de cinco

Nótese que los puntos de intersección P, Q, R y S pueden calcularse como la intersección de las mediatrices de los segmentos $\overline{O_1 O_2}$ y $\overline{O_2 O_3}$ con la circunferencia de centro O_2 y radio $2r$ (ya que el triángulo $O_1 O_2 P$ es isósceles y la altura divide al lado desigual $\overline{O_1 O_2}$ en dos partes iguales). Dejando en exclusiva los arcos de circunferencia que muestra la siguiente ilustración, tendríamos la composición de las circunferencias.

Ilustración 101: Composición geométrica

La bóveda de cañón de la sacristía

A partir del s. XVI, la morfología adoptada por estos espacios en las iglesias y Catedrales que se construyen en el sur peninsular, y de manera especial en las andaluzas, responde a dos tipos diferenciados en su planta. Si bien las del ámbito occidental acatan una forma cuadrangular, las que se alojarán en la parte oriental lo harán sobre un rectángulo.

La sacristía de la Catedral de Almería se sitúa de manera perpendicular a la nave de la epístola, y su puerta de acceso desde el templo desemboca al altar mayor. La concepción del espacio, como también podríamos observar en su homóloga en Jaén o en la iglesia del Salvador de Úbeda, responde a las necesidades de los clérigos, que las usarán para prepararse al culto, lo que requiere de mobiliario para guardar el ajuar de la liturgia, así como las cada vez mayores pertenencias lujosas que va atesorando la iglesia. Para alojar las cajoneras, se disponen hornacinas situadas sobre los lados mayores del rectángulo, así como los espejos de grandes dimensiones que aún hoy día podemos contemplar en una visita.

En cuanto a la autoría, las dudas parecen algo más despejadas que las trazas del templo, y nuevamente debemos el diseño a Juan de Orea. Aunque con certeza no podemos datar el momento constructivo en el que fue llevada a cabo, inexorablemente tuvo que ser entre 1550 (momento en el que Orea se hace cargo de las obras de la seo almeriense) y 1577 (cuando es nombrado maestro mayor de la Catedral de Granada y cambia allí su residencia). Una aproximación considerada por (Morales, 2004, 267) podría indicar que se edificó a la par que la capilla de san Idelfonso, en torno a 1562.

El diseño de la sacristía, responde con fidelidad al empleado por el arquitecto toledano Alonso de Covarrubias (1488-1570) y discípulo de Antón Egas, en la sacristía de las Cabezas de la Catedral de Sigüenza, erigida a partir de 1532 (Pérez, 1899). Dividida imperiosamente por dos contrafuertes en tres cuerpos, el espacio se articula con pilastras de las que emergen sendos arcos fajones que sustenta una bóveda de cañón. Los intercolumnios sirven como hornacinas para alojar el mobiliario y los óculos[58], que con forma de tronco de cono, aportan la necesaria luz al espacio.

---

58 Los que se abren a la fachada de levante, resultan más esplendorosos por la entrada de luz, mientras que los que se sitúan adyacentes al claustro no cumplen una función tan útil, por encontrarse alguno de ellos cegado desde el exterior.

La presencia de casetones y grutescos decorando los arcos de las hornacinas, así como medallones, imprime a la dependencia una decoración profusa, como le ocurre a su homóloga en Sigüenza.

Ilustración 102: Bóveda de cañón de la sacristía (Fotografía de Pako Manzano)

Claro está que la sacristía aporta una nueva ocasión para poner a prueba el ojo matemático, discerniendo las proporciones de las distintas puertas, o centrando la atención sobre las pilastras que soportan los arcos, pero no encontraríamos nuevos elementos que no hubiésemos abordado en el estudio llevado a cabo en alguno de los capítulos precedentes.

En cambio, al alzar la mirada nos encontraremos con una soberbia bóveda de cañón casonetada, que permite cubrir una medida inconmensurable. En efecto, la bóveda ocupa la mitad del área lateral de un cilindro, superficie que es desarrollable y se ajusta a un rectángulo. La altura del mismo, coincide con la longitud de la sacristía, mientas que el radio es la mitad de la anchura.

La presencia en la circunferencia del archiconocido número π y la imposibilidad con regla y compás de llevar a término su construcción, siempre supone una dificultad técnica añadida tanto al arquitecto, como por ende a los maestros canteros que debieron cerrar el espacio.

Veamos un análisis detallado de los espacios entre arcos fajones, así como del número de casetones:

- Sección primera (adyacente a la nave de la epístola): Se resuelve con el empleo de 152 casetones cuadrados sin decoración (8x19).
- Sección central: Ocupada con 90 casetones decorados (6x15), de los que los seis centrales son rectangulares.
- Sección tercera (en el flanco sur): Articulada en 96 casetones (6x16) siendo rectangulares los doce que componen las dos filas centrales.

Los 338 casetones constituyen una decoración armoniosa de la bóveda, pero qué duda cabe que la resolución empleada por los maestros canteros en cada uno de los tramos nos hace pensar en discrepancias entre los métodos empleados, con la suposición de que todos los espacios tienen la misma medida.

La simetría del empleo de una única pieza para recubrir el espacio norte, es posible sin más que tomar una aproximación de la medida de la semicircunferencia y de la anchura del tramo, buscando un número que sea divisor de ambos, quedando determinada de esta manera la medida del lado del cuadrado. Y el sencillo cálculo del máximo común divisor de tales medidas, minimizaría el número de piezas que serían necesarias para tal empresa arquitectónica.

El tramo central se aborda con la introducción de un casetón rectangular, que consigue cubrir tanto el ancho del tramo como la longitud del arco de circunferencia. En cambio, el tramo sur, con las constricciones de la anchura y queriendo emplear el mismo número de casetones que en el tramo central, no muestra una resolución tan estética, teniendo en este caso que emplear dos filas de casetones rectangulares en la zona central, que ponen fin al problema, puesto que con cuadrados es irresoluble.

En efecto, llamando L a la longitud del arco y denotando por a la anchura del tramo, si el lado del cuadrado del espacio norte es x, se tiene:

$$\left. \begin{array}{l} L = 19x \\ a = 8x \end{array} \right\} \Rightarrow \frac{L}{a} = \frac{19}{8}$$

Esta proporción debe mantenerse en el espacio sur, por lo que si quisiéramos emplear al igual que en la zona central seis casetones para cubrir su anchura, al buscar la medida del lado, digamos y, el número n de piezas necesarias para cubrir la longitud del arco debe cumplir:

$$\left.\begin{array}{l} L = ny \\ a = 6y \end{array}\right\} \Rightarrow \frac{L}{a} = \frac{ny}{6y} = \frac{n}{6}$$

Comparando las expresiones obtenidas para la razón encontrada, se tiene:

$$\frac{19}{8} = \frac{n}{6} \Rightarrow n = \frac{57}{4} = 14,25$$

valor que no es entero, lo que prueba la imposibilidad de la construcción con casetones de una medida cuadrada, si los espacios tienen unas dimensiones iguales.

Epílogo

Este adiós no maquilla un hasta luego, este nunca no esconde un ojalá,
esta ceniza no juega con fuego, este ciego no mira para atrás.

JOAQUÍN SABINA (1949)

A lo largo de nueve capítulos (o con el asiduo juego de palabras de un matemático, el tercer cuadrado perfecto) nos hemos adentrado en aspectos que brillan por su ausencia en la literatura almeriense disponible, inclusive en un momento como este en el que se conmemora el V centenario de la colocación de la primera piedra de la Catedral de Almería. En cambio, están visibles para cualquiera que disponga de una gafa dotada de lentes progresivas con una graduación que transita desde el arte o la propia arquitectura y llega al maravilloso jardín de las matemáticas.

Como era razonable que ocurriera, pues los cánones de belleza se expresan en términos matemáticos, estos debían tener un pasado remoto y cuando menos coetáneo con el inicio de la construcción del mayor templo cristiano erigido en esta esquina de la piel de toro. Y las herramientas con las que expresarlos tendrían que ser acordes al momento, si bien el paso del tiempo y paradójicamente gracias a los matemáticos árabes que nos brindaron el álgebra, hayamos sido capaces de simplificar la manera de plasmar los ideales de la beldad pétrea.

El celebérrimo teorema de Pitágoras nos descubre que en el interior de un sencillo cuadrado se esconde un singular número irracional como raíz de dos. Inclusive, también la diagonal de un rectángulo duplo nos brinda la ocasión para que aflore la raíz cuadrada de cinco. Todos ellos no dejan de ser soluciones de humildes ecuaciones de segundo grado y conociendo los rudimentos para resolverlas, hemos podido definir la familia de los números metálicos, cuyos dos representantes más insignes surgen por doquier. La razón no es ajena a la vista, y fácilmente podremos encontrarlos en cada ocasión que nos encontremos frente a un rectángulo y pensemos en la relación existente entre sus lados.

Que las herramientas TIC constituyen aliadas de excepción, es una afirmación superflua si pensamos en la etimología latina de herramienta, que deriva de un conocido metal exponente de la dureza y la maleabilidad. El software de geometría actual comparte esa propiedad de deformarse, o en términos más precisos ser dinámico, conservando si es necesario las propiedades de las homotecias. GeoGebra es el ejemplo de libre distribución más extendido de este hecho, y sirviéndonos de él, hemos podido estudiar propiedades de objetos inaccesibles mediante la fotografía y la semejanza. Y aquí entrará en escena otro griego intemporal como es Tales y su teorema, que propicia establecer la relación entre segmentos de figuras que comparten la relación de semejanza.

Todo este arsenal de resultados matemáticos, que se abordan en la enseñanza secundaria obligatoria, nos ha facultado para desentrañar las proporciones de las dos portadas del templo. Sus divisiones, así como las de los elementos albergados en ellas, pueden enmarcarse en diversos rectángulos que serán áureos, raíz de dos o bien raíz de cinco, siendo los verdaderos protagonistas del conjunto, al esclarecer la proporcionalidad geométrica que subyace en el orden ya establecido por Juan de Orea.

Al estudiar la planta de la seo almeriense, nos podemos encontrar con una escasa colección de referencias en las que aparezca esquematizada y con diferencias significativas entre ellas. Pero aún son más escasas, cuando debería decir nulas, las referencias fehacientes hacia la autoría de sus trazas. Y es que, si bien Diego de Siloé aparece referenciado con algo más que frecuencia, no encontraremos ningún motivo más allá de la imaginación o la costumbre para pensar de manera razonada y taxativa que pudo ser el arquitecto constructor del templo.

Al malagueño universal Pablo Picasso se le atribuye la frase *la inspiración existe, pero te tiene que encontrar trabajando*. Adecuando al momento los pensamientos del genial pintor, el estudio minucioso de los Tratados de arquitectura más descollantes nos llevó, entre otros, a García (1681) donde el ojo entrenado descubre inexorablemente el diseño de una planta que claramente evoca a la de la Catedral. A lo largo del texto se han dado sobradas muestras con las que se concluye que los primeros capítulos, y en particular el ejemplo que nos ocupa, es un diseño de Rodrigo Gil de Hontañón.

Pero en matemáticas, si algo no se demuestra, vive en un limbo llamado conjetura. Asistidos entonces de las herramientas oportunas de geometría sintética, hemos probado que el diseño de Simón García (o si se prefiere de Rodrigo Gil de Hontañón) corresponde con un error inferior al 1% a la medida del tramo de la seo almeriense. Casualidad o causalidad en ristre, lo cierto es que la aritmética nos aporta un parecido mucho más allá de lo razonable para cuando menos sustentar con argumentos matemáticos que Rodrigo Gil de Hontañón, o en su defecto unas trazas como las expuestas, son las que emplearon los maestros de obras para erigir la Catedral de Almería.

Nuestro estudio continúa alzando la mirada y admirando un conjunto plural y bien definido de arcos, así como aportando las construcciones geométricas que permiten su factura. Acorde a los gustos del momento, los arcos apuntados u ojivales predominan en número como abanderados del gótico, pero no son hegemónicos, lo que nos permite el estudio de otros tipos incluyendo una intrincada tracería que rehúye de las miradas.

Y si hemos mirado aún más arriba, nos encontraremos con un bosque de columnas que dan soporte a vigorosas bóvedas de crucería, cuyos refinados diseños corresponden con el apogeo del gótico en el siglo XVI. Una nueva pista nos pone en la dirección de Rodrigo Gil de Hontañón, pues el análisis de las plantas de las bóvedas nos indica que sus constructores ubicaban las piedras de clave y los terceletes en disposiciones que también fueron empleadas por Rodrigo Gil; he aquí una nueva causalidad (o casualidad).

Donde las dudas no admiten cabida, es en el diseño y factura del claustro, obra de Juan Antonio Munar. El trabajo sobre el plano original, comprobando que sus proporciones recurren nuevamente a conocidos números irracionales, nos ha brindado el impulso final para poder escribir este libro. Nos afianzamos en la idea de que el Renacimiento y los movimientos posteriores retomaron los ideales de belleza de la antigüedad, que habían estado olvidados durante el largo y oscuro período que supuso para la cristiandad la Edad Media.

El estudio de las proporciones de las columnas y arcadas del claustro, nos condujo a otro Tratado, esta vez al *Vignola*, y como por bondad divina pudimos desenmarañar las proporciones que gobiernan no solo ya en el claustro, sino entender con una aproximación bastante aceptable las proporciones de sus homónimas en las portadas (con las salvedades de las diferencias entre los distintos órdenes clásicos).

Aunque encumbrados por las grandes estructuras, no hemos querido olvidarnos de los pequeños detalles. En particular de las altas aspiraciones de un obispo que, aunque eclesiásticamente no alcanzó el cago al que aspiraba, sí tuvo los arrestos necesarios como para erigir un soberbio monumento que cumpliera no solo con las necesidades del culto de sus feligreses asegurando la vida eterna, sino también garantizando la integridad terrenal en una fortaleza.

Justificar a estas alturas el título del libro, puede parecernos estrábico. Apelando pues a la propiedad conmutativa y con la suposición de que el lector no ha abusado con los *atajos* en la lectura, si alguien echa de menos algún elemento que no ha sido abordado desde este punto de vista matemático, ya habrá entendido el porqué del *bajo una visión*. Dejo flirtear a su entelequia con otros propósitos o razones.

Referencias

Alsina, C. (2012). *La secta de los números. El teorema de Pitágoras*. RBA.

Areán, L. F. (2017). *Fermat. Un teorema adelantado a su tiempo tres siglos*. RBA.

Arroyo, A., de la Asunción, M., Bahillo, F., Devesa, L., de la Fuente, C., García, J. J., González, J. L., Ramón, J., Guadilla, C., Hernando, E., Leal, S., Peña, A., Rodero, A. M., Santamaría, E. y Zárate, J. J. (2011). *Matemáticas en la Catedral de Burgos*. Cajacírculo.

Bernáldez, A. (1953). *Historia de los Reyes Católicos don Fernando y doña Isabel escrita por el bachiller..., cura que fue de la villa de los Palacios y capellán de don Diego de Deza, arzobispo de Sevilla. En Crónica de los Reyes de Castilla desde don Alfonso el Sabio hasta los Católicos don Fernando y doña Isabel* (Tomo LXX). B.A.E.

Blasco, F. (8 de febrero de 2022). *Luca Pacioli, el amigo matemático de Da Vinci amante de la divina proporción*. ABC. https://www.abc.es/ciencia/abci-luca-pacioli-amigo-matematico-vinci-amante-divina-proporcion 201905270139_noticia.html

Bonell, C. (1999). *La divina proporción. Las formas geométricas*. UPC.

Calatrava, J. (29 de enero de 2022) *Los diez libros de Arquitectura* https://www.ugr.es/~compoarq/compoarq_archivos/profesores/jcalatrava_archivos/Obras/Juan_Calatrava_Prologo_Vitrubio.pdf

Campo, A. (15 de junio de 2022) *2000 Plaza de la Catedral* https://www.campobaeza.com/es/cathedral-square/

Castro, F. (7 de abril de 1932). *El Guardián del Obispo de Piedra*. La independencia. *https://prensahistorica.mcu.es/es/catalogo_imagenes/grupo.do?path=1002600324*

Chueca, F. (1953). *Ars Hispaniae: Historia universal del arte hispánico. Arquitectura del siglo XVI* (Volumen 11). Plus Ultra.

Ciocci, A. (2017). *Luca Pacioli. La vida y las obras*. University Book.

Corbalán, F. (2010). *La proporción áurea. El lenguaje matemático de la belleza*. RBA.

De la Hoz, R. (1995). *La proporción cordobesa. Actas VII Jornadas de la Sociedad Andaluza de Educación Matemática Thales*. Universidad de Córdoba.

Del Arco, F. (2012). *Heráldica eclesiástica*. Emblemata, N° 18, págs. 123-146.

Esteban, J. F. (2004). *Arquitectura religiosa del siglo XVI en España y Ultramar* (Coordinadora: María del Carmen Lacarra Ducay). Institución Fernando el Católico.

Gallego, A. (1972). *Los doctores de la reina y su casa de Salamanca*. Centro de Estudios Salmantinos.

García, F. (1968). *Léxico de Alarifes de los Siglos de oro*. Real Academia Española.

García, M. I. (1992). *La destrucción artística de Almería durante la Guerra Civil: imágenes de tradición almeriense*. Boletín del Instituto de Estudios Almerienses. Letras.

García, S. (1681). *Compendio de architectura y simetría de los templos conforme a la medida del cuerpo humano, por Simón García, architecto natural de Salamanca. Año 1681*. Mss. 8884, Biblioteca Nacional de España.

Gauss, C. F. (1995). *Disquisitiones Arithmeticae*. Traducción al castellano de Ángel Ruiz Zúñiga. Asociación Costarricense de Historia y Filosofía de la Ciencia.

Gil, A. (11 de enero de 2022) *Diccionario biográfico de Almería*. https://www.dipalme.org/Servicios/IEA/edba.nsf/xlecturabiografias.xsp?ref=364

Gómez, J. (1998). *El gótico español de la edad moderna: bóvedas de crucería*. Secretariado de Publicaciones e Intercambio Científico, Universidad de Valladolid.

Hoag, J. D. (1985). *Rodrigo Gil de Hontañón. Gótico y Renacimiento en la arquitectura española del siglo XVI*. Xarait.

Huerta, S. (1990). *Diseño estructural de arcos, bóvedas y cúpulas en España ca. 1500~1800* [Tesis de doctorado, Escuela Técnica Superior de Arquitectura de Madrid] https://oa.upm.es/549/1/X-1740_PDF._Huerta_1990._Dise%C3%B1o_estructural_de_arco%2C_b%C3%B-3vedas_y_c%C3%BApulas_en_Espa%C3%B1a%2C_ca._1500_-_ca._1800x.pdf

Kasahara, K. (1981). *Earthquake Mechanics*. Cambridge University Press.

Lampérez, V. (1930). *Historia de la arquitectura cristiana española de la Edad Media*. Espasa-Calpe.

Lentisco, J. D., Martínez M. D., Segura, M. D. y Údeda, R. (2007). *Almería vista por los viajeros De Münzer a Pemán.* Instituto de Estudios Almerienses.

Llebrés, J. A. (31 de mayo de 2021). *El incendio de la Catedral.* Cofradía de Estudiantes. https://cofradiadeestudiantes.com/el-incendio-de-la-catedral/

Loomis, E. (1968). *The Pythagorean Proposition.* Tarquin Publications.

López, J. (1956). *Epistolario de Pedro Mártir de Anglería, IV* (epístola 769). Imp. Góngora.

López, J. (1999). *La Iglesia en Almería y sus obispos.* Instituto de Estudios Almerienses.

Lorite, P. J. (2018). *Compendio de estudios genealógicos y heráldicos de Jaén. Una aproximación a los errores heráldicos de los picapedreros que no suelen ser tales.* Instituto de Estudios Giennenses.

Morales, A. (2004). *Arquitectura religiosa del siglo XVI en España y Ultramar.* Coordinado por María del Carmen Lacarra Ducay. Diputación Provincial de Zaragoza, Institución «Fernando el Católico».

Moreno, P. (2017). *Trazas de montea y cortes de cantería en la obra de Rodrigo Gil de Hontañón* [Tesis de Doctorado, Universidad Politécnica de Madrid]. Archivo digital UPM.

Moreno, P. y Palacios, J. C. (13-17 de octubre de 2015). *La construcción de la bóveda de crucería por Rodrigo Gil.* Actas del Noveno Congreso Nacional y Primer Congreso Internacional Hispanoamericano de Historia de la Construcción. https://oa.upm.es/46985/1/INVE_MEM_2015_256513.pdf

Navacués, P. y Sarthou, C. (1998). *Catedrales de España.* Espasa Calpe.

Nicolás, M. M. y Torres, M. R. (2000). *El tabernáculo de la Catedral de Almería. Documentos para su estudio y autoría.* IMAFRONTE.

Olivera, C. (1995). *La actividad sísmica en el Reino de Granada (1487-1531).* Autoedición.

Pacioli, L. (2017). *La divina proporción* (Traducción de Ricardo Resta). Epublibre.

Palacios, J. C. (24 de mayo de 2005). *La geometría de la bóveda de crucería española del XVI.* Conferencia en el III Seminario sobre bóvedas impartido dentro del Máster de Restauración en la Universidad

Politécnica de Valencia https://oa.upm.es/30744/1/INVE_ MEM_2007_174354.pdf

Palenzuela, A. (2017). *Una aproximación al carácter defensivo de la Catedral de Almería: el descubrimiento de la cimentación de una séptima torre defensiva*. Defensive architecture of the mediterranean XV to XVIII centuries (Volumen VI). Publicacions Universitat d'Alacant.

Pérez, A. (2000). *Los números poligonales. Una caja de sorpresas con mucha historia*. Gaceta de la Real Sociedad Matemática Española, Vol. 3, Nº 2, págs. 331-338.

Pérez, M. (1899). *Estudios de Historia y Arte. La Catedral de Sigüenza*. Madrid.

Rodríguez, M. et al. (1975). *La Catedral de Almería*. Everest.

Rufián, A. (2017). *Gauss. Una revolución en teoría de números*. RBA.

Ruiz, S. (13 de marzo de 2022). *Días contados para Primo de Rivera*. La Voz de Almería. *https://www.lavozdealmeria.com/noticia/12/almeria/56818/ dias-contados-para-primo-de-rivera*

Rupérez, M. N. (1998). *Anotaciones sobre la vida y la obra del arquitecto Simón García*. Archivo Español de Arte.

Ruz, J. L. (10 de mayo de 2021). *El escudo de Villalán. Las armas de un obispo emperrado*. Diario de Almería. https://www.diariodealmeria. es/almeria/escudo-Villalan-armas-obispo-emperrado_0_1571844374. html

Sanabria, S. L. (1982). *The Mechanization of Design in the 16th Century: The Structural Formulae of Rodrigo Gil de Hontañón*. Journal of the Society of Architectural Historians, 41(4). https://doi.org/10.2307/989800

Sánchez, J. A. (2008). *Sol iustitiae. Arquitectura, culto eucarístico y poder episcopal en la Catedral de Almería*. IMAFRONTE.

Sancho, E. (2004). *Moros en la costa*. Boletín de la Sociedad Geográfica Española.

Segura, C. (1982). *El libro del repartimiento de Almería*. Universidad Complutense.

Tapia, J. A. (1992). *Almería piedra a piedra*. Unicaja.

Torres, L. (1952). *Ars Hispaniae. Historia Universal del Arte Hispánico. Arquitectura gótica* (Tomo VII). Plus Ultra.

Villanueva, E. A. (1993). *La construcción de la Catedral de Almería y la refundación cristiana de la ciudad.* Cuadernos De Arte De La Universidad De Granada (N° XXIII), 67-82.

Vitruvio, M. (1997). *Los diez libros de Arquitectura* (Traducción de José Luis Oliver). Alianza editorial.

Anexos

Anexo 1: Planta de la Catedral de Almería

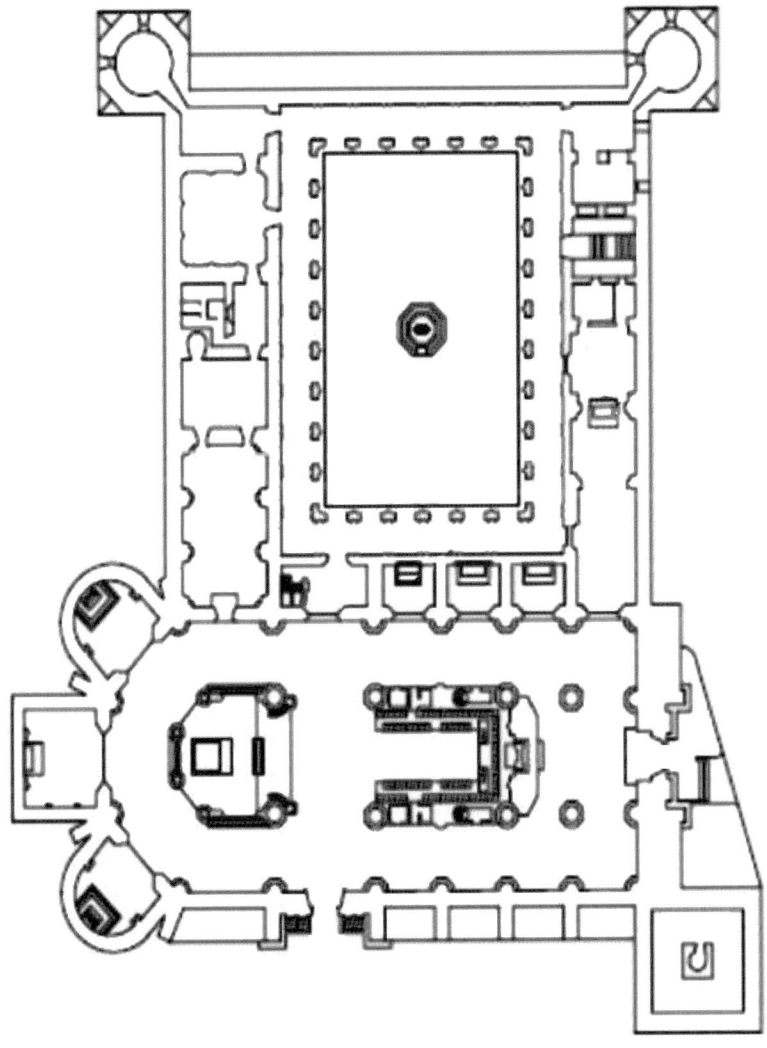

Ilustración 103: Planta de la Catedral del Almería
(Fuente Gabinete Pedagógico de Bellas Artes de Almería)

Anexo 2: La Almería musulmana

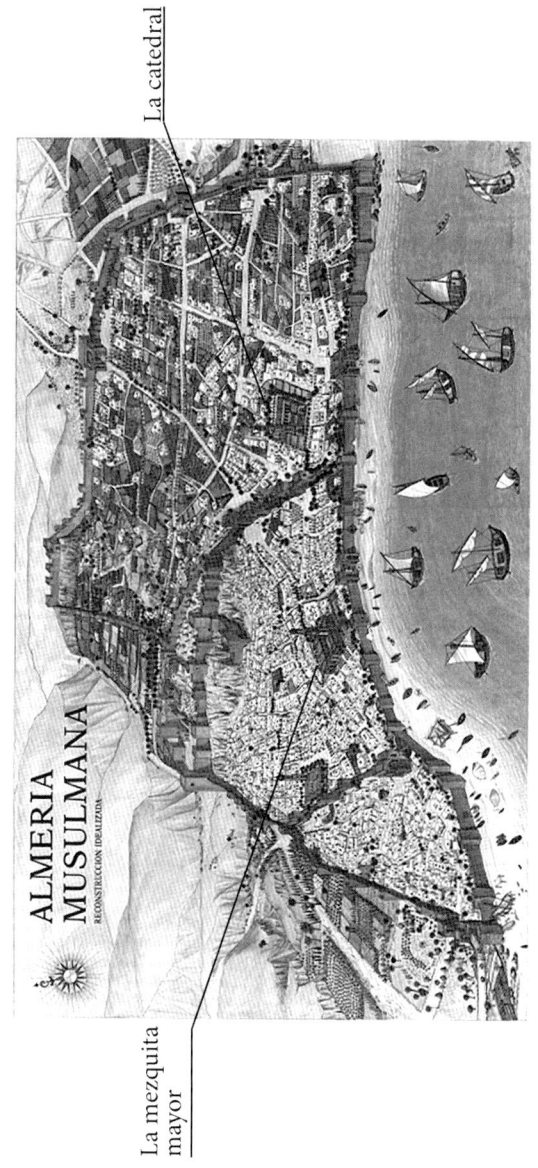

Ilustración 104: Recreación de la Almería musulmana
(Fuente: Gabinete Pedagógico de Bellas Artes de Almería)

Anexo 3: El entorno de la Catedral de Almería

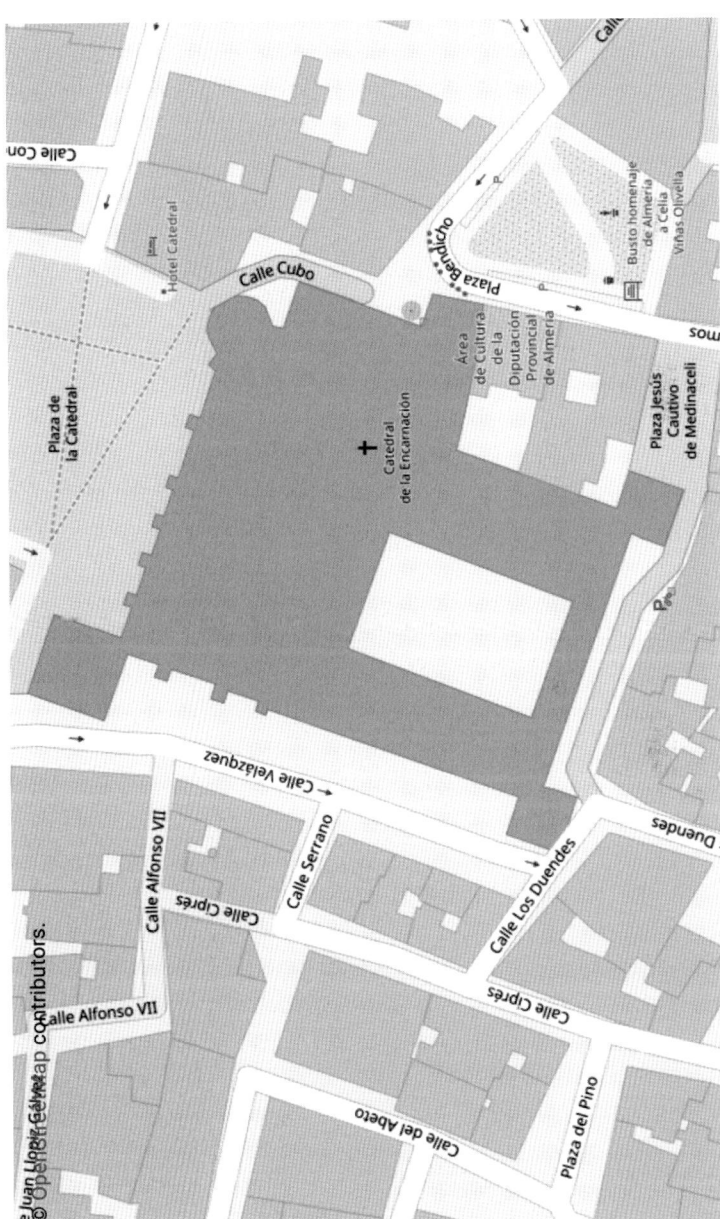

Ilustración 105: Disposición del callejero actual en torno a la Catedral